湘南工科大学 特任教授
湯浅 弘一 著

なぜかがわかる 分数と濃度の話＋プラス

数学のキホンはすべて小学校の黒板に書いてある

七月七日(火)
日直
やまだ
すぎもと

グローバル教育出版

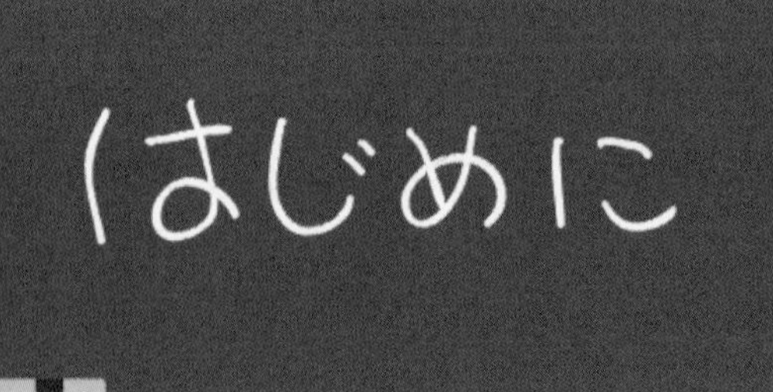

～前書きにかえてエールをアナタへ～

わかると楽しいですよね？

でも、わかりにくいことってありますよね？

でも、この本はきっとわかります。

なぜって？　小生が昔、数学が苦手だったからです。

“落ちこぼれ”ってよく言いますけど、

本当は“置いてきぼり”なだけ。

小学校の頃の遠足で置いてきぼりになったら？

“どうしよう？”って思うじゃないですか？

数学も本当は“どうしよう？”だったんですけど、

タイミング悪くてそのまま

“置いてきぼり”から“置き去り”になったわけ。

今、やり直しましょう！

わからずに過ごすよりわかった方がストレスが少ないし、

劣等感もなくなりますよ！

じゃあ、得意な人は？

この本をきっかけに数学を学び直すのは

いかがでしょうか？

どんな方でも“振り返り”は大事です。

ここまで読んだアナタ！ 振り返りの始まりです。

さあ、始めましょう〜。

湯浅弘一＠湘南工科大学

目次

モットーは
楽しく
わかりやすく
おもしろく
湯浅 弘一先生
ボクがいろいろ問題をだして
さらに楽しくするよ
アシスタント
問題モンタくん

1時間目
分数や小数に
強くなろう
七月七日(火)

1 もしも分数がなかったら

毎日の生活に分数がなかったらどうなるのでしょう？

たとえば、ラーメン屋さんに行って「半ライス」は「0.5ライス」、スーパーマーケットに行って「スイカ$\frac{1}{4}$カット」は「スイカ0.25カット」、どこかのポテトチップスの商品名にある「5/8チップ」は「0.625チップ」など、ゴロが悪いどころかイメージがわきませんよね。

このように一見、便利そうな分数ですが、計算しようとするといささか面倒です。

たし算、ひき算には『通分』、わり算には『逆数をかける』って言うけど、算数嫌いにはかなりツライ・・・と言いますか、この分数の計算から算数が苦手になった人も多いのではないでしょうか。

でも分数は日常生活には欠かすことができませんから、これを機会に完璧にマスターしてしまいましょう。

◎当たり前だがむずかしい

$\frac{1}{2}$とは２等分したうちの１つ。だから２分の１。

$\frac{1}{3}$とは３等分したうちの１つ。だから３分の１。

$\frac{2}{3}$とは３等分したうちの２つ。だから３分の２。

$\frac{3}{3}$とは３等分したうちの３つ。
ということは、３等分したうちの３つってなあに？
それは全部のことですよね。つまり、全部って・・・
そう、１のことです。

そうなんです。分数を考えるときには、この１が肝心なのです。もともと分数は、この全体を１としたものを分けたことなんですね。

小学校のときに初めて習う分数の出だしは、「１本のリボンを３人で分けてみましょう。１人分は$\frac{1}{3}$ですね。」だったと思います。

ふりだしに戻りましょう。すると、

$\frac{1}{2}$ は１つのものを２等分したうちの１つ。

$\frac{1}{3}$ は１つのものを３等分したうちの１つ。

$\frac{2}{3}$ は１つのものを３等分したうちの２つ。

$\frac{1}{4}$ は１つのものを４等分したうちの１つ。

$\frac{2}{4}$ は１つのものを４等分したうちの２つ。

えっ？４等分したうちの２つって・・・

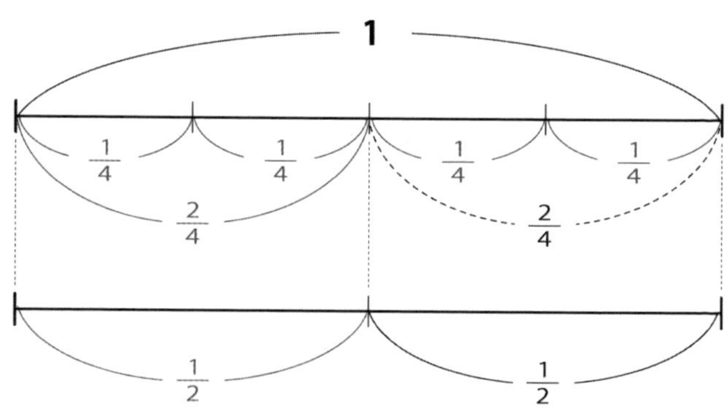

図を見てわかるように、$\frac{2}{4} = \frac{1}{2}$ なのです。そう、この $\frac{2}{4}$ を $\frac{1}{2}$ に直す作業、つまり分母と分子を同じ数で割るこ

とが『約分』と言われているものですね。

じつは、この約分の反対を考えたほうが分数をつかみやすくなりますので、ご説明します。

小学生のころは、

$$\frac{2}{4}=\frac{\cancel{2}^{1}}{\cancel{4}_{2}}=\frac{1}{2}$$

とわざわざ斜めの線まで書いて「分子と分母を２でわって…」と言いながら書きましたね。もう少し続けると、

$$\frac{3}{6}=\frac{\cancel{3}^{1}}{\cancel{6}_{2}}=\frac{1}{2}$$

$$\frac{4}{8}=\frac{\cancel{4}^{1}}{\cancel{8}_{2}}=\frac{1}{2}$$

$$\frac{5}{10}=\frac{\cancel{5}^{1}}{\cancel{10}_{2}}=\frac{1}{2}$$

すべて $\frac{1}{2}$ になります。これを１列に並べてみましょう。

$$\frac{1}{2}=\frac{2}{4}=\frac{3}{6}=\frac{4}{8}=\frac{5}{10}\cdots\cdots$$

分子は 1, 2, 3, 4, 5・・・、分母は 2, 4, 6, 8, 10・・・、このように分母が２倍、３倍、４倍・・・、そして分子も２倍、３倍、４倍・・・、することを『倍分』と言います。

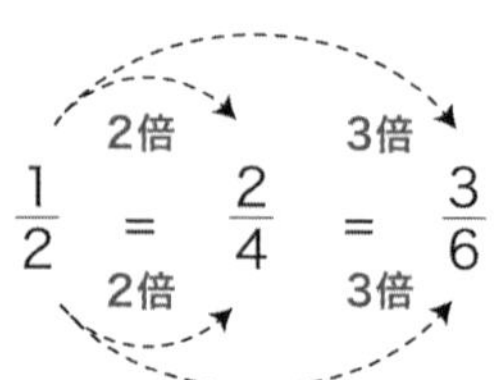

「分子と分母を同じ数でわる」という『約分』に対して、「分子と分母に同じ数をかける」、これが『倍分』なのです。これを知っておかないと分数と仲よくなれないので要チェックです。

2 通分

倍分がわかると「分数のたし算、ひき算」ができます。

まず、

$$\frac{1}{3}+\frac{1}{3}=\frac{1+1}{3}=\frac{2}{3}$$

の意味を考えてみましょう。

1本のリボンを3等分したうちの1つが$\frac{1}{3}$でした。

これを2つですから、

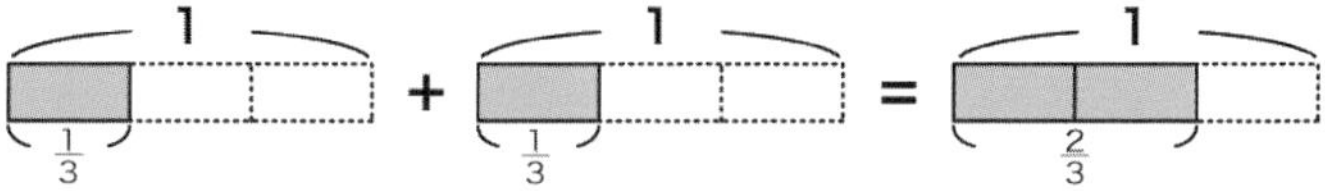

1 1 1
$\frac{1}{3}$ + $\frac{1}{3}$ = $\frac{2}{3}$

と上の図からもわかりますね。分母が同じときに限り、たし算、ひき算ができるのです。たとえば、

$$\frac{1}{5}+\frac{2}{5}=\frac{1+2}{5}=\frac{3}{5}$$

$$\frac{2}{7}+\frac{4}{7}=\frac{2+4}{7}=\frac{6}{7}$$

$$\frac{7}{8} - \frac{3}{8} = \frac{7-3}{8} = \frac{\not{4}^{1}}{\not{8}_{2}} = \frac{1}{2}$$

こんな感じですね。

では、分母が違うときはどうするのでしょうか？　ここで倍分を使います。

前にも書きましたが、『分母が同じときに限り、たし算、ひき算ができる』のです。

たとえば$\frac{1}{3} + \frac{1}{5}$を考えますと、分母が 3 と 5 で異なります。

ここで先ほどの倍分の登場です。

$$\frac{1}{3} = \frac{2}{6} = \frac{3}{9} = \frac{4}{12} = \frac{5}{15} = \frac{6}{18} \cdots$$

$$\frac{1}{5} = \frac{2}{10} = \frac{3}{15} = \frac{4}{20} = \frac{5}{25} = \frac{6}{30} \cdots$$

となります。

$\frac{1}{3}$と$\frac{1}{5}$を倍分した共通な分母は 15 ですね。このように分母を 15 にそろえることを『通分』と言います。

『$\frac{1}{3}$ と $\frac{1}{5}$ を通分して $\frac{5}{15}$ と $\frac{3}{15}$ にする』
と言います。したがって

$$\frac{1}{3}+\frac{1}{5}=\frac{5}{15}+\frac{3}{15}=\frac{5+3}{15}=\frac{8}{15}$$

となります。

やや遠回りになりますが、

$$\frac{1}{3}=\frac{2}{6}=\frac{3}{9}=\frac{4}{12}=\frac{5}{15}=\frac{6}{18}=\cdot\cdot\cdot=\frac{10}{30}=\cdot\cdot\cdot$$

$$\frac{1}{5}=\frac{2}{10}=\frac{3}{15}=\frac{4}{20}=\frac{5}{25}=\frac{6}{30}=\cdot\cdot\cdot$$

$\frac{1}{3}$ と $\frac{1}{5}$ を通分して $\frac{10}{30}$ と $\frac{6}{30}$ を用いてもかまいません。
これを用いると、

$$\frac{1}{3}+\frac{1}{5}=\frac{10}{30}+\frac{6}{30}=\frac{10+6}{30}=\frac{\cancel{16}^{8}}{\cancel{30}_{15}}=\frac{8}{15}$$

結果的には同じになります。でも、分母の数値を大きくすると、あとで、必ず約分しなければなりませんので、共通な分母には最小公倍数(あとで、くわしく述べます)を用いるほうが便利なのです。

3 分数は比の値

4千年以上前から存在する分数は、別名『比の値』と呼ばれます。

3：5（3対(たい)5と読みます）の値は？ $\frac{3}{5}$

4：7の値は？ $\frac{4}{7}$

5：10の値は？ $\frac{5}{10}$ これを約分して $\frac{1}{2}$

というように、$a:b$ の値を $\frac{a}{b}$ と表します。

つまり分数はふたつの量を比べているわけです。

$a:b$ のうち a が比べる量、b が基(もと)になる量と言いますので、3：5の場合は、3が比べる量、5が基になる量となります。

つまり、「b (5) を基にしたときに a (3) はどれくらいの量になるのか？」。これが比の値（分数）なのです。

ですから、

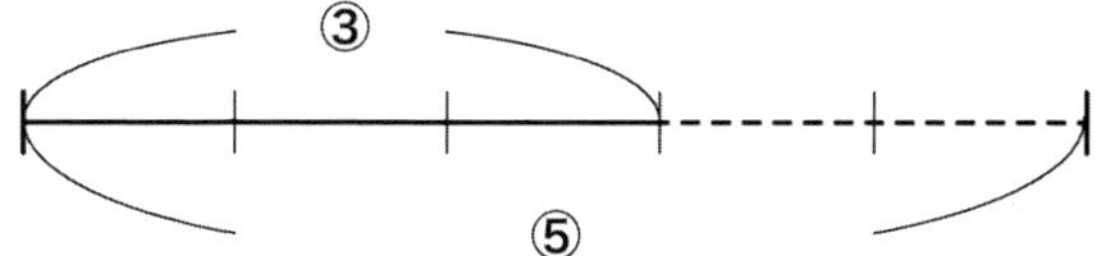

図からもわかるとおり$\frac{3}{5}$になります。

◎分数と小数はどちらが先に生まれたか？

ズバリ、答えは『分数』です。

前述したように、分数は４千年以上前から古代エジプトで使われていました。エジプトにはあの有名なナイル川があり、当時、毎年氾濫を起こしていました。この氾濫を正確に予測するために天文観測が行なわれ、太陽暦が生まれたのです（太陽とシリウス〈オオイヌ座の主星〉が同時に昇るころにナイル川が氾濫すると言われていました）。

そして、この氾濫が収まった後の農地を元どおりにするために測量や幾何学、いわゆる数学が発展しました。この時代から分数は使われています。

では、小数は？

古くは古代バビロニアの時代からあるそうですが、表記としては、いまから約４百年前にベルギーの技師、シモン・ステヴィンが広めたものなのです。分数よりずーっと後なのです。当時の小数は、

$\frac{5129}{10000}$ ➡ 5①1②2③9④

$\frac{27295}{100000}$ ➡ 2①7②2③9④5⑤

と書かれたのが始まりで、現在の小数とは様子が異なりますね。やがて改良されて、スコットランドのジョン・ネイピアが現在のような小数点を用います。

$\frac{5129}{10000}$ ➡ 0.5129

$\frac{27295}{100000}$ ➡ 0.27295

分数の歴史の方が長いのです。

④ $\dfrac{a}{b}$ は $a \div b$

ここは少しむずかしいので、ツライとお感じになられた方は飛ばしていただいてけっこうです。

「$\dfrac{1}{3}$ は１つのものを３等分したもの」でした。これは１つのものを３人で分けたと考えれば、

$$\frac{1}{3} = 1 \div 3$$

ですね。このように、

$$\frac{a}{b} = a \div b$$

のかたちになっています。では、$\dfrac{2}{3}$ だったら？

$$\frac{1}{3} + \frac{1}{3} = \frac{2}{3}$$

ですから、「１つのものを３等分したものを２回たしている」ということですね。

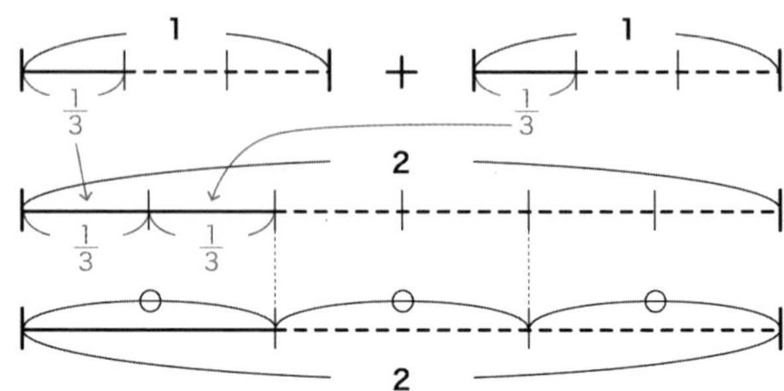

$\frac{2}{3}$が「2を3等分している」ことを表しています。

つまり、

$$\frac{2}{3} = 2 \div 3$$

やはり、

$$\frac{a}{b} = a \div b$$

のかたちになりました。

$$分数 = \frac{分子}{分母} = 分子 \div 分母$$

分数はわり算の別な表し方です。

小生は小学生のころ、先生から $\frac{\text{分子}}{\text{分母}}$ のことを「お母さんが子どもをおんぶしているから、分数の下を分母、上を分子と言うんだよ」と教わりました。当時は、ヘエーッと思いました。そのうち、分子と分母を分けている横棒は何と読む？

これが気になるばかりか、約分を教わってからは

$$\frac{\text{分子}}{\text{分母}} = \frac{\cancel{\text{分}}\text{子}}{\cancel{\text{分}}\text{母}} = \frac{\text{子}}{\text{母}} \quad (\times)$$

としてはなぜいけないのか？　当時ミョーな発想をしていた小生。分数がいつしか嫌いなものになっていました。

教える仕事についてから知ったのですが、あの分数の横棒は括線（かっせん）と言います。

$a:b$ の値の $\frac{a}{b}$ をよく見ると、この括線と比の記号：をくっつけて÷ができているんですよ！

5 分数を小数に直す

ステヴィンは、なぜそれまでヨーロッパで使われなかった小数を使うようになったのか？　それは、分数の大小を比べるためだったのです。

たとえば、

$\frac{5}{8}$と$\frac{4}{7}$はどちらが大きいか？

もちろん前に述べた倍分を用いて通分すればわかります。

$$\frac{5}{8}=\frac{10}{16}=\frac{15}{24}=\frac{20}{32}=\frac{25}{40}=\frac{30}{48}=\frac{35}{56}$$

$$\frac{4}{7}=\frac{8}{14}=\frac{12}{21}=\frac{16}{28}=\frac{20}{35}=\frac{24}{42}=\frac{28}{49}=\frac{32}{56}$$

つまり

$\frac{5}{8}=\frac{35}{56}$，$\frac{4}{7}=\frac{32}{56}$

したがって、$\frac{5}{8}>\frac{4}{7}$

しかし、「いちいち通分するのは面倒！」。そこで、小数の登場です。

もともと$\frac{1}{3}$は１つのものを３等分（３つに分ける）意味でしたから、

$1 \div 3 = 0.33333\cdots$

一般に

$$\frac{a}{b} = a \div b$$

でしたから、先ほどの$\frac{5}{8}$と$\frac{4}{7}$の大小についても、

$$\frac{5}{8} = 5 \div 8 = 0.625$$

$$\frac{4}{7} = 4 \div 7 = 0.57142\cdots$$

すぐに$\frac{5}{8} > \frac{4}{7}$とわかります。

分数の大小を比べるのには、小数が便利ですね。

6 分数より小数？

先日、あるスーパーマーケットの生鮮食料品売場の「お魚コーナー」に行った小生。夕方の時間帯ということもあり、いわゆる「安売り」が行なわれていました。今夜はお刺身にしよう！　と思ってショーケースをのぞくと、

「定価 1000 円までのお刺身はすべて 100 円引き」

「定価 1001 円以上のお刺身はすべて 200 円引き」

になっていました。

ちなみに、この文章はショーケースに書いてあったものではなく、実際は、

~~888~~　788

というように、価格表示されていたラベルに赤線を引いて直してあったのですが、それのほとんどすべてを見て気がついたのです（小生もヒマですね）。

これは今風に言うと「ビミョー」なところで、たとえば次の 3 つの商品のうち、どれが一番お買得なのか？

980 円の 100 円引きで 880 円の刺身A

1580 円の 200 円引きで 1380 円の刺身B

1980 円の 200 円引きで 1780 円の刺身C

まあ、実際は食べたいお刺身を買えばよいのですが、少しでも「得をしたい！」と考える消費者は、どれがお得かを考えるわけです。

刺身Aの値引率は

$$\frac{100}{980} = 100 \div 980 = 0.1020408\cdots = 約 10.2\%$$

刺身Bの値引率は

$$\frac{200}{1580} = 200 \div 1580 = 0.1265822\cdots = 約 12.7\%$$

刺身Cの値引率は

$$\frac{200}{1980} = 200 \div 1980 = 0.101010\cdots = 約 10.1\%$$

というわけで、**割引率で一番お得なのは、刺身 B なのです。**

一定額の値引きだとすると、高額になればなるほど損をします。

以下を見てください。

1000円までは100円引き

1001円～2000円までは200円引き

2001円～3000円までは300円引き

⋮

と割引を定めますと…

980円→ 880円(100円引き)…値引率は約10.2041%

1980円→1780円(200円引き)…値引率は約10.1010%

2980円→2680円(300円引き)…値引率は約10.0671%

3980円→3580円(400円引き)…値引率は約10.0503%

4980円→4480円(500円引き)…値引率は約10.0401%

と値引率は悪くなりますが、なんとなく、980円→880円より、4980円→4480円の方が得をした気分になりませんか？（笑）

7 真分数、仮分数、帯分数

タイトルの３つの分数、ちょっと聞きなれない名前だなと身構えた方がいらっしゃるかもしれませんね。でも、むずかしくないのでご安心ください。まず説明からはじめましょう。

本来分数は、$\frac{1}{3}$ や $\frac{2}{5}$ や $\frac{3}{7}$ など、分子＜分母となる１より小さい数に用いることから始まりました。しかし１より小さい数ばかりでは計算を扱うことができません。そこで、正の数で

１より小さい数を真分数（しんぶんすう）

１以上を仮分数（かぶんすう）

と名づけました。では１は？・・・

１は仮分数に含まれます。整数なのに・・・。お約束なので仕方ありません。

小学校では「仮分数を使ってはいけない！」と教わります。「頭でっかちはダメ！」とも言われました。

たとえば、

$$\frac{7}{5}=\frac{5+2}{5}=\frac{5}{5}+\frac{2}{5}=1+\frac{2}{5}$$

これを「1と $\frac{2}{5}$ 」と読みます。

$$1+\frac{2}{5}=1\frac{2}{5}$$

のようにつなげて書きます。

同じように

$$\frac{13}{4}=\frac{12+1}{4}=\frac{12}{4}+\frac{1}{4}=3+\frac{1}{4}=3\frac{1}{4}$$

と書くことを帯分数（たいぶんすう）と言いました。

つまり、整数を含む形の分数ですね。これは見方を変えるととても便利な表現になっていて、たとえば、$\frac{13}{4}$ であれば、

13 ÷ 4のこと。13 ÷ 4 ＝ 3(商)…1(余り)

このわり算の答えは商が3で余りが1です。すると帯分数は、

$$\frac{13}{4}=\underset{\uparrow\,\text{商}}{3}+\frac{1}{4}\overset{\leftarrow\text{余り}}{}=3\frac{1}{4}$$

このように、商と余りが見える分数が帯分数なのです。

他にも試してみると、

　$17 \div 5 = 3 \cdots 2$ ですから、商が3、余りが2。

帯分数で見てみると、$\frac{17}{5} = 3\frac{2}{5}$ になります。

　さて、中学生になると帯分数がなくなる!?　そんな経験はありませんでしたか？　不思議なことに小学校では禁じられていた仮分数が、中学では市民権を勝ち得たように復活するのです。そして帯分数は姿を消していく。なぜでしょう？

　お答えしましょう。中学数学では $a \times b = ab$ とするように×の記号を省略するというお約束があります。

　つなげて文字や数を並べることはかけ算を意味するわけです。すると帯分数は、$3\frac{2}{5} = 3 + \frac{2}{5}$ なのに、中学数学を用いると、$3\frac{2}{5} = 3 \times \frac{2}{5}$ (×) と誤解されてしまいます。これはまずい！　というわけで中学からは、

$$3\frac{2}{5} = 3 + \frac{2}{5} = \frac{15}{5} + \frac{2}{5} = \frac{17}{5}$$

と仮分数を使うようになったのです。でも本書では算数がメインですから帯分数を使っていくことにします。

8 通分のための最小公倍数

私は小学生時代、母親から計算ばかりやらされていました。なかば強制的でもあったので、正直算数は嫌いでした。とくに分数のたし算、ひき算は、いちいち通分をしなくてはいけないところがどうも面倒で嫌いでした。だんだんとこの面倒な作業に耐えられなくなってきたころ、友だちから「通分は分母どうしをかけ算して、分子は分母をたすきにかけるんだよ」と得意げに言われたのを今も覚えています。こんな感じですね。

$$\frac{1}{3}+\frac{2}{5}=\frac{1}{3}\times\frac{2}{5}=\frac{5\times1+3\times2}{3\times5}=\frac{5+6}{15}=\frac{11}{15}$$

かける

すごい！　画期的!!　です。たしかにこの考え方は正しい。

ですが本来は「分母の最小公倍数を考える」のが一番正しいのです。えっ？　最小公倍数??

このむずかしそうな漢字五文字の熟語『最小公倍数』とは何か？　まずはこの言葉をわかりやすく分解しながら話を進めましょう。

『倍数』とは、たとえば「3, 6, 9, 12, 15, 18・・・」で、これらは3の倍数と呼ばれます。

3 × 1,　3 × 2,　3 × 3,　3 × 4,　3 × 5,　3 × 6・・・

3　6　9　12　15　18　・・・

と同じですね。

次に『公倍数』。

『公』には共通という意味があるので、たとえば、

A＝{ 2, 4, 6, 8, 10, 12, 14, 16, 18, 20, 22, 24……}

➡（2の倍数）

B＝{ 3, 6, 9, 12, 15, 18, 21, 24, 27……} ➡（3の倍数）

AとBの共通の倍数、つまり公倍数は、6,12,18,24…(6の倍数）となります。この公倍数、6,12,18,24……の中で最も小さい数「6」をAとBの最小公倍数と言います。

この最小公倍数の求め方は順に倍数を書いていくと必ず見つかるのですが、計算でも求めることができます。

たとえば、12と16の最小公倍数であれば、

お互いに割り切れる数を見つけます →

```
2 ) 12 , 16
2 )  6 ,  8
     3 ,  4
```

← この2数両方をわることのできる数は1のみです

このとき赤で示した数を順にかけて、2 × 2 × 3 × 4 ＝ 48 と求まります。もちろん、

12 の倍数 {12, 24, 36, 48, 60, 72……}

16 の倍数 {16, 32, 48, 64, 80, 96……}

と実際に書いて 48 を見つけるのも良いですね。

もし、「15 と 63 の最小公倍数」を問われたら、

```
3 ) 15 , 63
   ─────────
     5 , 21
```

赤で示した数をかけて、3 × 5 × 21 ＝ 315、この 315 が 15 と 63 の最小公倍数となります。

さあ、これを使って分数の通分をしてみましょう。

そうすれば分数のたし算とひき算がカンタンにできます。

9 分数のたし算、ひき算

分母の違う分数のたし算やひき算では、まず通分を行います。

たとえば、たし算、$\frac{1}{12}+\frac{1}{15}$ の場合。12 と 15 の最小公倍数は 60（ $3\,)\underline{\,12,\ 15\,}$ → $4,\ 5$ より、3 × 4 × 5 = 60 ）

$$\frac{1}{12}=\frac{1\times5}{12\times5}=\frac{5}{60}、\ \frac{1}{15}=\frac{1\times4}{15\times4}=\frac{4}{60}$$ ですから（倍分）

$$\frac{1}{12}+\frac{1}{15}=\frac{5}{60}+\frac{4}{60}=\frac{9}{60}=\frac{9\div3}{60\div3}=\frac{3}{20}$$（約分）

とできます。

ひき算も同様にできます。$\frac{1}{12}-\frac{1}{15}$ の場合、12 と 15 の最小公倍数は 60。そして、

$$\frac{1}{12}-\frac{1}{15}=\frac{5}{60}-\frac{4}{60}=\frac{1}{60}$$

とできます。

通分さえできれば、もうコワいものはありません。

$\frac{1}{5}+\frac{1}{7}$ ならば、5と7の最小公倍数は35

$$\begin{array}{r|l} 1 & 5,\ 7 \\ \hline & 5,\ 7 \end{array}$$

←これはお互いに1でしか割れません。

$1\times 5\times 7=35$

$\frac{1}{5}=\frac{7}{35}$、$\frac{1}{7}=\frac{5}{35}$ ですから、

$$\frac{1}{5}+\frac{1}{7}=\frac{7}{35}+\frac{5}{35}=\frac{7+5}{35}=\frac{12}{35}$$

ですね。

　このように実際に計算していくと、私の小学生時代の友だちのやり方を使うほうが早い気がします。

$$\frac{1}{5}+\frac{1}{7}=\frac{1\times 7+1\times 5}{5\times 7}=\frac{12}{35}$$

となりますし、あとで約分が必要になりますが、

$$\frac{1}{12}-\frac{1}{15}=\frac{1\times 15-1\times 12}{12\times 15}=\frac{3}{180}=\frac{1}{60}$$

・・・算数的に最小公倍数を用いて通分するのが良いのか？それとも、分母のかけ算をして、たすきにかける方法を使うのが良いのか？・・・これは読者の皆さんの好みですね。

　どちらにしても、分数の仕組みを理解したうえで、分数の計算をマスターしてくださいね。

⑩ 複雑な分数のたし算、ひき算

「複雑な」・・・このタイトルで思わず引いてしまう方はいらっしゃいませんか？　大丈夫です。ここでは先ほどの真分数、仮分数、帯分数の３種類の分数が同時に出てくるだけですからご安心を。

それでは、スタート！

① $\frac{3}{5}+\frac{2}{3}=\square$

これは通分からでした。もちろん「分母をかけ算して、たすきにかける」でもＯＫです。

$$\frac{3}{5}+\frac{2}{3}=\frac{9}{15}+\frac{10}{15}=\frac{19}{15}=\frac{15+4}{15}=1+\frac{4}{15}=1\frac{4}{15}$$

（×3、×5：倍分）　$\frac{19}{15}$ ↓ 仮分数　$1\frac{4}{15}$ ↓ 帯分数

ちなみに中学生以上は$\frac{19}{15}$で OK です。

次はこれです。

② $2\frac{1}{3}-1\frac{1}{2}=\square$

帯分数のたし算やひき算は、まず仮分数に直しましょう。

$$2\frac{1}{3}=2+\frac{1}{3}=\frac{6}{3}+\frac{1}{3}=\frac{7}{3}$$

$$1\frac{1}{2}=1+\frac{1}{2}=\frac{2}{2}+\frac{1}{2}=\frac{3}{2}$$

よって

$$2\frac{1}{3}-1\frac{1}{2}=\underbrace{\frac{7}{3}-\frac{3}{2}}=\underbrace{\frac{14}{6}-\frac{9}{6}}=\frac{5}{6}$$

通分

⑪ 分数のかけ算（その１）

分数のかけ算は見た目は簡単です。なぜなら分数自身がかけ算の形で書けるからなのです。たとえば、

$$\frac{3}{5}=\frac{1}{5}+\frac{1}{5}+\frac{1}{5}$$

ですから、$\frac{1}{5}$が３つ。したがって

$$\frac{3}{5}=\frac{1}{5}\times 3$$ と書けます。

$\frac{4}{7}$ならば

$$\frac{4}{7}=\frac{1}{7}+\frac{1}{7}+\frac{1}{7}+\frac{1}{7}$$

ですから、$\frac{1}{7}$ が４個ならんでいます。したがって

$$\frac{4}{7}=\frac{1}{7}\times 4$$ と書けます。

帯分数 $1\frac{1}{3}$ ならば、仮分数に直してから

$$1\frac{1}{3} = 1 + \frac{1}{3} = \frac{3}{3} + \frac{1}{3} = \frac{4}{3}$$

とすれば、

$$1\frac{1}{3} = \frac{4}{3} = \frac{1}{3} \times 4$$

と、やはりかけ算の形で書けます。ここまでわかれば、後はラクにかけ算の説明ができます。

$\frac{3}{5} \times 2$ ならば、前述したとおり、$\frac{3}{5} = \frac{1}{5} \times 3$ でしたから、

$$\frac{3}{5} \times 2 = \left(\frac{1}{5} \times 3\right) \times 2$$

$$= \frac{1}{5} \times 3 \times 2 = \frac{1}{5} \times 6 = \frac{6}{5} = 1\frac{1}{5}$$

になります。

では、もう少しスピーディに計算してみましょう。

$$\frac{3}{5} \times 2 = \frac{3}{5} \times \frac{2}{1}$$

のように、2を $2 = \frac{2}{1}$ と直して、

$$\frac{3}{5}\times 2=\frac{3}{5}\times\frac{2}{1}$$

分母と分子をそれぞれかけて、

$$\frac{3}{5}\times 2=\frac{3}{5}\times\frac{2}{1}=\frac{3\times 2}{5\times 1}=\frac{6}{5}$$

とすればよいのです。分数のかけ算は『分母と分子をそれぞれかける』ことでできますね。たとえば、

$\frac{3}{7}\times\frac{3}{4}$ ならば、

$$\frac{3}{7}\times\frac{3}{4}=\frac{3\times 3}{7\times 4}=\frac{9}{28}$$

のようにできます。

　さて、このコーナーの初めに書いたように、「分数のかけ算は見た目は簡単」なのですが、意味は少々むずかしいのです。ふだん、あまり考えたことはないと思いますが・・・。

　「6 の半分は？」。そう。「3」です。では、「6 の半分を式で言うと？」

$6 \div 2 = 3$

$6 \times \frac{1}{2} = 3$

どちらが頭に浮かびましたか？　多くの方は$6 \div 2$ではないかと思われますが、理系的な方は$6 \times \frac{1}{2}$が思い浮かんだのではないでしょうか。

いずれにせよ現段階では、$\div 2$と$\times \frac{1}{2}$が計算上同じ作業であることを覚えておいてください。

話はまだまだ続きます…。もう飽きた、なんて言わないでください。

⑫ 分数のかけ算（その２）…重要

さあ、皆さん！　この先はゆっくり読んでください！

「６の２倍は？」６ × ２ =12 ですね。これは言葉のとおり６が２倍されています。

それでは「６の半分は？」$6 \times \frac{1}{2} = 3$ でしたね（前コーナーに出てきました）。

「半分」とは６が $\frac{1}{2}$ あること、つまり「２つに等しく分ける」ことと同じ。これを短く言うと「２等分」。ピンときましたか？

「２等分」とは「２つに分けた１つ分」のことです。「半分にすること」は「$\frac{1}{2}$倍すること」と同じではありませんか？

（これがわかりにくかった方はこのコーナーをもう一度初めから読んでみてください）

さあリラックスして、次にいきましょう。

「６個のクッキーを３人に等しく分けるときの１人分は何個ですか？」

６ ÷ ３ = ２

ですから、１人分は２個ですね。では、計算の表現を変えるとどうなるでしょうか？

6 ÷ 3 は「6を3つに分ける」という意味です。「6を3等分する」ことですね。「3等分」とは3つに分けたうちの1つ分ですから$\frac{1}{3}$のこと。つまり6個あるクッキーの$\frac{1}{3}$にあたるのが1人分になるので、

$6 \times \frac{1}{3} = \frac{6}{1} \times \frac{1}{3} = \frac{6}{3} = 2$（個）

となります。

すると 6 ÷ 3 と6 ×$\frac{1}{3}$は同じ意味の別な表現ということになりますね。

このように、2と$\frac{1}{2}$や3と$\frac{1}{3}$の2つの数の関係を『逆数』と言います。これは単純に分子と分母の数をひっくり返しただけでできます。

2 =$\frac{2}{1}$の逆数は、分子と分母をひっくり返して、$\frac{1}{2}$ となります。

もちろん $\frac{1}{2}$ の逆数は、分子と分母をひっくり返して

$\frac{1}{2} \rightarrow \frac{2}{1} = 2$　となります。

・2等分することは$\frac{1}{2}$倍すること

・3等分することは$\frac{1}{3}$倍すること

・4等分することは$\frac{1}{4}$倍すること

・・・つまり、〜等分することは、〜の逆数をかけることなのです。ということは・・・

「丸いケーキ（ホールとも言いますね）の半分があります。これを３人で等しく分けて食べるとき、１人分のケーキの大きさは、どれくらいですか？」

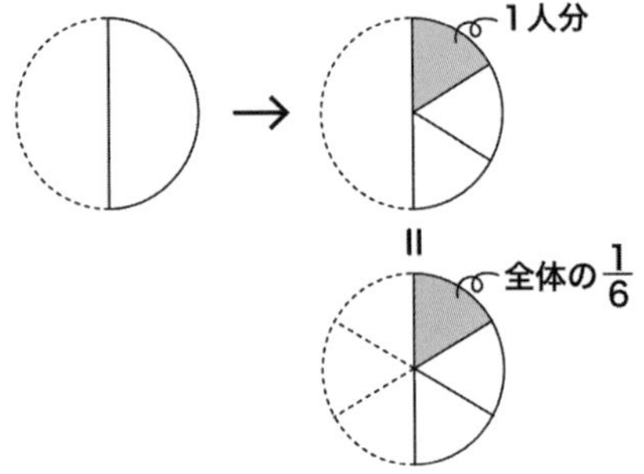

図から一目瞭然(いちもくりょうぜん)、$\frac{1}{6}$ とわかりますが、これを式で表すと・・・
初めに、ケーキの半分の $\frac{1}{2}$ からスタートします。

この$\frac{1}{2}$を３等分したわけですから、３等分は$\frac{1}{3}$倍すること、でしたから、

$\frac{1}{2} \div 3 = \frac{1}{2} \times \frac{1}{3} = \frac{1}{6}$

となります。

ということで、１人分は丸いケーキ全体の$\frac{1}{6}$にあたります。

⑬ 分数のわり算

このコーナーは前コーナーの『分数のかけ算（その２）』を必ず読んでから、お読みいただくようお願いいたします。

さて、

・２等分することは $\frac{1}{2}$ 倍すること

・３等分することは $\frac{1}{3}$ 倍すること

・４等分することは $\frac{1}{4}$ 倍すること

「～等分することは～の逆数をかける」ことでしたね。ここでは、この「逆」のことを考えていくのが目的です。ここで言う逆とは、かけ算の逆のわり算のことです。

さあ、ここからはちょっと頭を使いますので、ゆっくり頭に思い浮かべながら読んでください。

「6 個のクッキーを３人に等しく分けるときの１人分は何個ですか？」

6 ÷ 3 = 2 (個) です。この 2(個) は１人分です。

では、もう1問。

「10個のクッキーを4人に等しく分けるときの1人分は何個ですか？」

$10 \div 4 = 2 \cdots 2$ なので、分けられないっ！　という解釈もありますが、分数を登場させると、

$$10 \div 4 = \frac{10}{4}$$

約分

$$= \frac{5}{2}$$

帯分数

$$= 2 + \frac{1}{2} = 2\frac{1}{2}$$

1人分は $2\frac{1}{2}$(個)。つまり2個と半分です。下図でもわかるように、4人を、Aさん、Bさん、Cさん、Dさんとすれば、

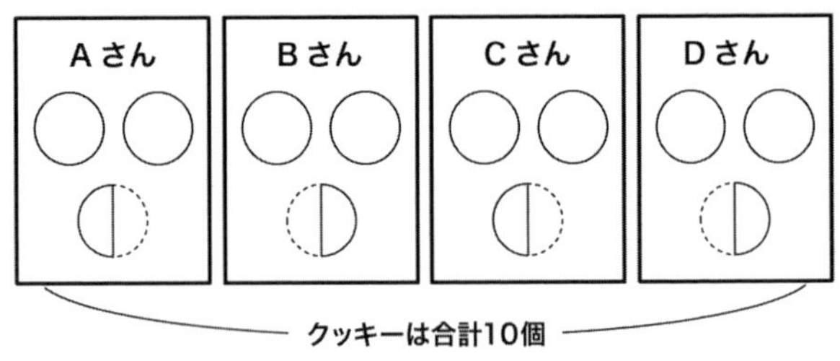

となります。

わり算を行うと１人分の個数(量)が出るのです。

ですから、丸いケーキ(ホール)を３人で等しく分けるときの１人分の量(大きさ)は、$1 \div 3 = \frac{1}{3}$。

全体の $\frac{1}{3}$ が１人分の量(大きさ)になります。

ここまでをまとめると、

・３人で６個を共有しているときの１人分の個数は、

$6 \div 3 = 2$(個)　(6個を３等分)

・４人で10個を共有しているときの１人分の個数は、

$10 \div 4 = 2\frac{1}{2}$(個)←(10個を４等分)となったわけです。

さあ、ここからがヤマです！

「わり算を行うと１人分の量が出る」ということは、

「$3 \div \frac{1}{2}$」とは、どういう意味でしょうか？

３つのりんごを $\frac{1}{2}$人で分けたときの１人分の個数？

ちょっと前の表現に変えてみると、「$\frac{1}{2}$人で３個を共有しているときの１人分の個数は？」になりますよね。

$\frac{1}{2}$人という表現がわかりづらくしていますが、「仮に$\frac{1}{2}$人いたとして、その$\frac{1}{2}$人が３個を持っていたとすると、１人分のときにはいくつになるか？」と言い換えるとわかりやすくなります。

くどくなりますが、10 ÷ 4は「４人で10個を共有しているときの１人分の個数は？」ですよね。同様に３ ÷$\frac{1}{2}$も、10 ÷ 4の、10を３にして４を$\frac{1}{2}$と入れ換えれば、「$\frac{1}{2}$人で３個を共有しているときの１人分の個数は？」となり、どちらも１人分の量を出そうとしているのです。

ではイラストを入れて見てみましょう。

$\frac{1}{2}$（人）で３個を共有するとは、

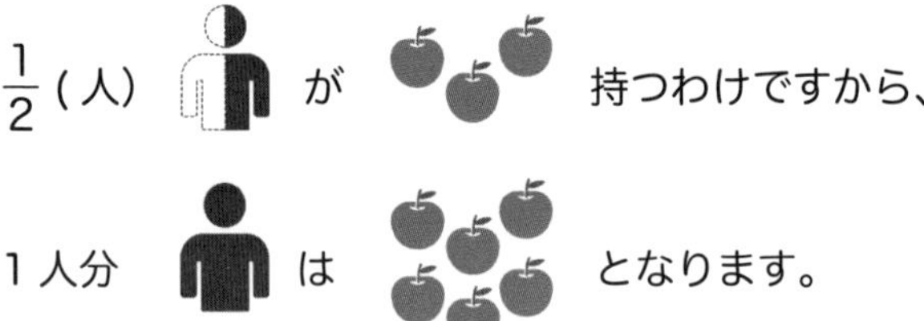

ということは、

$$3 \div \frac{1}{2} = 3 \times 2 = 6$$

になります。この $\div \frac{1}{2}$ は × 2 に変化しました。

前のコーナーと同じように考えると

・ $\div \frac{1}{2}$ は2倍のこと

・ $\div \frac{1}{3}$ は3倍のこと

・ $\div \frac{1}{4}$ は4倍のこと

・
・
・
・
・

÷〜は〜の逆数倍のことなのです。

確認しましょう。

$6 \div \frac{3}{2}$ は「$\frac{3}{2}$ 人で6個のリンゴを共有しているときの１人分の個数」のことですから、

$$\frac{3}{2} = 3 \div 2 = 1.5$$

となり、

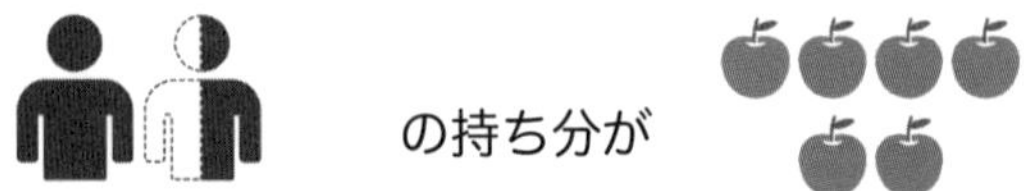

これは

と分けることなので、

これを計算で行うと、

$$6 \div \frac{3}{2} = 6 \times \frac{2}{3} = \frac{6}{1} \times \frac{2}{3} = \frac{6 \times 2}{1 \times 3} = \frac{12}{3} = 4$$

したがって、「÷～」は「～の逆数倍」すること。

つまり、『分数のわり算は逆数をかける』ことになるわけです。

小学生時代は理由もわからずなんとなく『分数のわり算は逆数をかける』を呪文のように覚えて機械的に計算していたのですね。

分数は日常生活では３等分、４等分 …、つまり全体の、$\frac{1}{3}$、$\frac{1}{4}$ のように「かけ算」のほうを使っています。ですから「分数のわり算」は非常にイメージしにくいのです。でも、『わり算が１人分の量』を表していることに気づくと分数のわり算では逆数をかけるのも納得できるかと思います。

最後に１つ。

> Q. 丸いケーキ（ホール）の $\frac{3}{4}$ があります。
> このケーキを５人で等しく分けると
> １人分の大きさ（量）はどれくらいですか？

５人で $\frac{3}{4}$ を共有していますから、１人分は、

$$\frac{3}{4} \div 5 = \frac{3}{4} \times \frac{1}{5} = \frac{3 \times 1}{4 \times 5} = \frac{3}{20}$$

ですね。

でも全体の $\frac{3}{20}$ なんてケーキで分けるのは大変ですね。
そうだ！　分度器を使おう !!

全体は 360 度だから、360 度の $\frac{3}{20}$ は、

$$360^\circ \times \frac{3}{20} = \cancel{360^\circ}^{18^\circ} \times \frac{3}{\cancel{20}} = 54^\circ$$

答えは・・・　54°　です。

1人分を 54 度で切れば良いのですね！　とは言うものの、実際にはむずかしいですよね。ましてやこれがショートケーキだったら… 上にのっているイチゴの個数もからんできますしね… 。

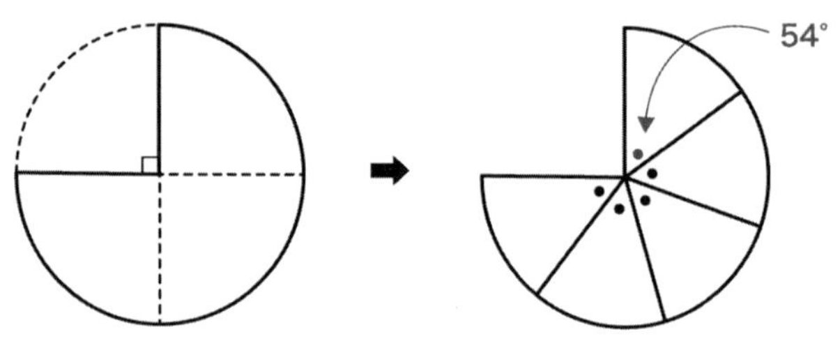

つぶやき日記 ❶

初めて数学教育に関する仕事をしたのは、大学１年生の夏のことでした。仕事先は、現在存在するのかどうかはわかりませんが、Ｓ塾という個人指導専門塾でした。

初めての生徒は、なんと小生と同じ年齢の女の子。塾経営者からは、「年齢は聞かれても答えないでください」との注意が。

志望校は、慶応大学の医学部。小生と同じ年齢ということは、小生は現役で大学に入ったので、彼女は、一浪ということになります。

この塾は、毎回、生徒の質問に答え、さらに課題を加えていくというもの。小生との最初の勉強は数列。前の先生からの申し送りを見ると、この生徒さんは、どの問題でも軽くこなしてしまう優秀な生徒であると記載されていました。

初めての生徒が同じ年齢で、さらに、自分より優秀かもしれない?!　かなりの緊張を持って、その生徒が座る席へ…、確かに質問は高度。でも気になるのが、どの質問も説明すると、「あっ、そういうことかあ」と、あっさり。

そこで、新たに足していく課題の前に、今さっき質問されたことの類題をノートに書いて解かせてみると…。みごとにできない！　小生と同じ！　何を隠そう、高校２年生時代の小生、数学の成績は赤点だったのです！

　高校で説明を聞けばわかり、いざ解かされると解けないという“わかったつもりタイプ”だったのです。

　自分と似ているこの生徒に、小生は類題で要領を身につけさせることを思いつき、やってみた次第であります。

　この生徒、たった１回担当のこの私を、その次からは、毎回指名する勢い。半年後、見事に志望校に合格するという幸せなお話でした。

　でも、いま思うと、正直、初めての塾講師としては、恵まれた生徒さんに当たったものであります。だって、大学は、数学だけで合格はできません。その彼女、英語がかなりできていたようなので救われました。合格してから、決まり文句のように「先生のおかげで合格できました。ありがとうございました。」と・・・。この一言はウソでもうれしかったです。

　でも、きっと、数学ではなく英語で合格したのだろうと、いまでも思いますね。（笑）

　この生徒の後に、今度は小学６年生の男の子を受けもつことになりました。今度は、なんと、中学入試であります。

　解法は、算数の範囲を越えてはいけないので、大学受験数学より数倍頭を使いました。

この生徒さんは、ふだん私立の小学校に通っていて、そこはほとんど教科書を使うことはないそうで、プリントによる授業展開でした。毎回、このプリントによる学校の宿題をすべて教えること。宿題を教えるのですから、その目的にはかなっていないわけで（笑）、少し不思議な感じでした。

しかし、不思議に思うのは小生だけで、この生徒さんは、小生をひどく気に入り、毎回ご指名をいただくことに …。ありがたいお話ではありますが、かなり責任も感じていたので、自分自身も、中学受験算数を勉強したものです。

そう、結局のところ、初めての塾講師をして、うまくいった理由は、毎回、この仕事を終えて家に帰ると、それぞれの生徒のことを考えて、他の問題集で、類題を探す毎日を過ごしていたからなんです。

すなわち、週に１回の授業に週６日の授業準備をしたわけです。正直、バイト料に見合わない仕事をし続けていたわけで、このお金に見合わない仕事が、自分の勉強になったのだと思います。だって、ヒマさえあれば、類題探しをしていましたからね。（笑）

一番できるようになったのは当時の私？（笑）

2時間目
面積の計算に
強くなろう
やまだ

1 面積は面が積もる？

面積とは何か？　「面積」という言葉を辞書で引いてみると、ズバリ『広さ』とありました。そのまんまと言えばそのとおり。でもよく考えてみると少し疑問の残る言葉です。

「タテが1㎝、ヨコが2㎝の長方形の面積はいくつですか？」

なんにも気にせずに、長方形の面積＝タテの長さ×ヨコの長さ、いわゆる『タテ× ヨコ』ですから、1×2=2㎠となります。㎠は「平方センチメートル」と読みます。

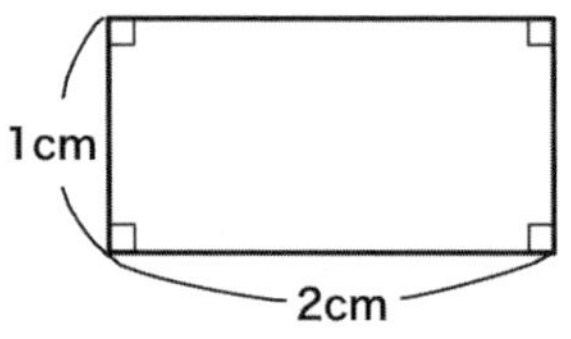

この「平方」という言葉は「2乗（じょう）」を意味していて「2回乗（じょう）ずる」ことです。では、「乗ずる」とは？　かけあわせること、つまり「かけ算」のことなのです。

「平方」とは2回同じ数をかけることで、たしかに「㎝」の単位だけ注意してみると、

$$1\,[\mathrm{cm}]\times 2\,[\mathrm{cm}] = 1\times 2\,[\mathrm{cm}\times\mathrm{cm}] = 2\,[\mathrm{cm}^2]$$

となります。

話は横道にそれますが、「平方」とは「2乗」でした。

この「2乗」は「自乗」とも書きます。同じ数や文字を2度かけ算することですから、$3 \times 3 = 3^2$ や ㎝×㎝＝㎠ のように、自分自身（同じ数や文字）をかけている、「自らを乗ずる（かける）」ということから「自乗」とも言えるのです。

さて、本題に戻りましょう。

長方形の面積がなぜ、タテ×ヨコとなるのでしょう？先ほどのとおり、タテの長さ1㎝、ヨコの長さ2㎝の長方形に登場してもらいましょう。

この長方形をキャベツに見立てて、とても細く千切りにします。

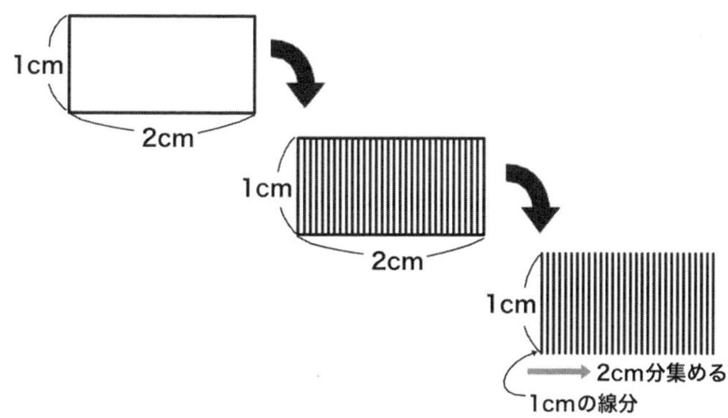

とても細く千切りした1㎝の線分(直線の一部)を2㎝にわたって集めると・・・タテが1㎝、ヨコが2㎝の長方形の出来上がり！

いいですか、先ほどから何度も出てきている、

『とても細く千切りした』

これが重要なのです。この千切りは、限りなく細く細く「まるで線になるように切る」と考えます。すると、この出来上がった線分を集めることで『面』が出来上がります。

気づきましたか？　面積というよりは線分を集めたので「線積」という感じなのです。線が積もるのですから、イメージ的には「線積」のほうがわかりやすいと感じるのですが、実際には広さは「面積」と言います。

意味を考えるとちょっと違和感ありますね〜。

2 いろいろな2㎠

先ほど、とても細く千切りした1㎝の線分を2㎝分集めると長方形が出来上がりました。つまり、

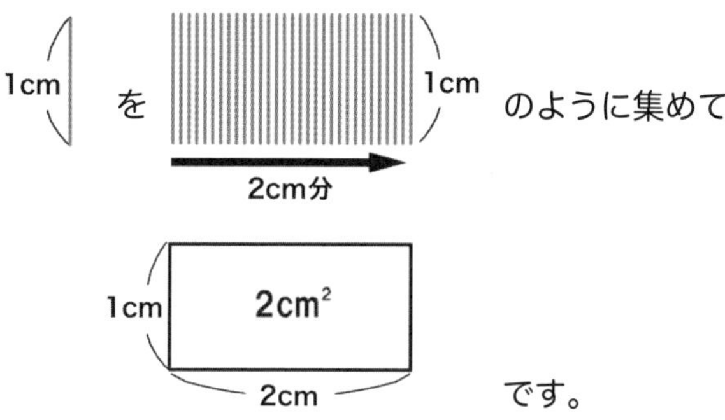

同じように、とても細く千切りした1㎝の線分を2㎝分、斜めの方向に集めてみましょう。

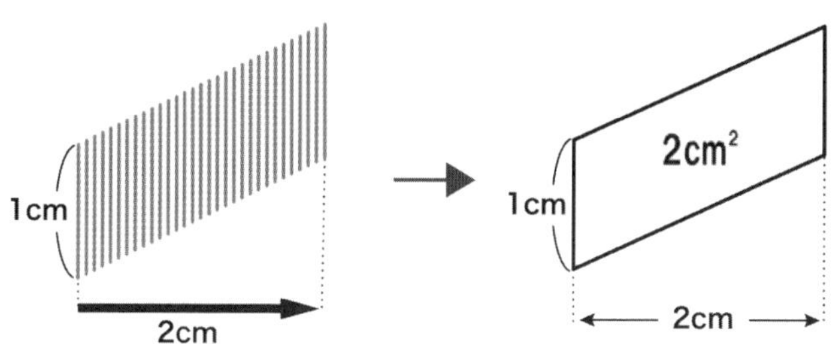

これは、平行四辺形ではありませんか!! やはりこの面積も2㎠になります。

平行四辺形の面積を求める公式は『底辺×高さ』と習いますが、1㎝の線分を底辺と考えると

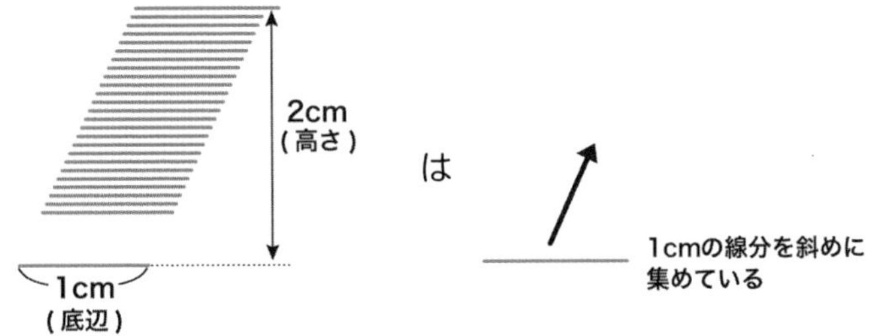

1㎝の線分を高さ2㎝分斜めに積み重ねたものですから、面積は1㎝(底辺)×2㎝(高さ)=2㎠で納得がいきますね。

そこで、このとても細く切った1㎝の線分の集め方を少し変えてみましょう。

たとえば・・・

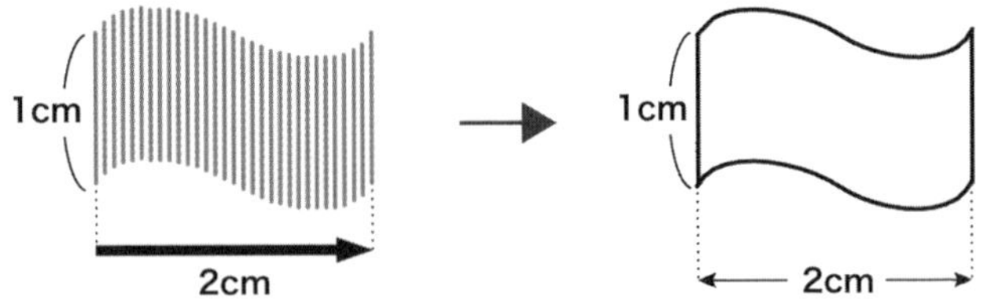

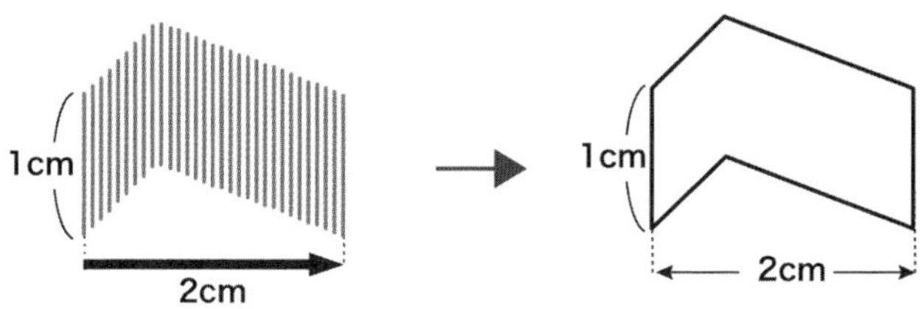

どれも面積は２㎠です。

とても細く千切りした１㎝の線分を２㎝分、上下移動を許して一方向（図の場合は右方向）に集めてできた図形の面積は、すべて２㎠になります。

くどいようですが、「とても細かく千切り」にするのです。したがって、

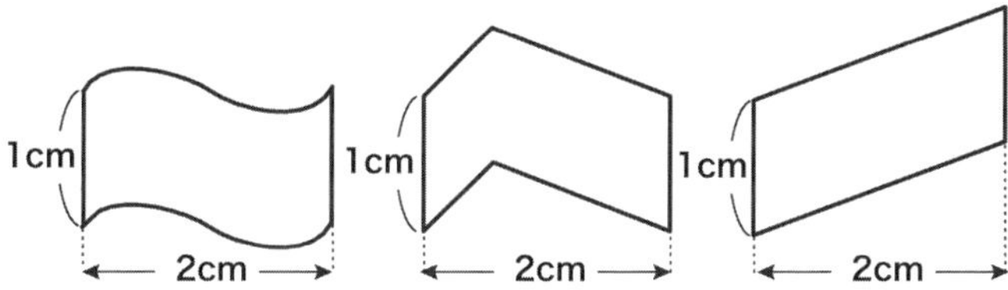

を千切りにするのです。

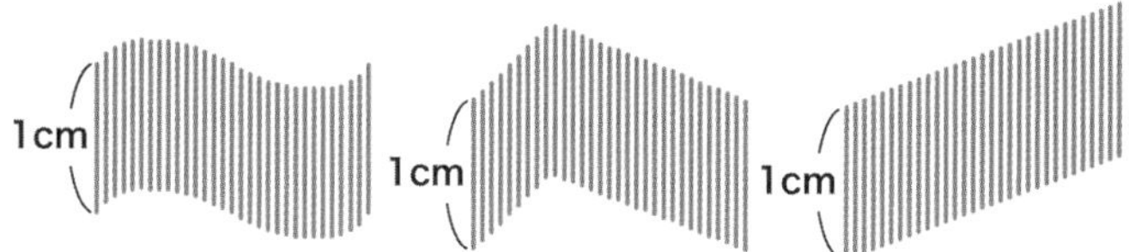

けっして「乱切り」ではありませんよ。(笑)

『面積は千切りから始まる』と言えますね。

3 三角形の面積

小学生のころ、三角形の面積といえば『底辺×高さ÷2』と習いましたね。ここでは、その理由を考えてみましょう。

まずは、直角三角形から始めましょう。まったく同じ形（合同と言います）の直角三角形を２つ用意して、斜辺（直角の対辺です）どうしをくっつけてみましょう。

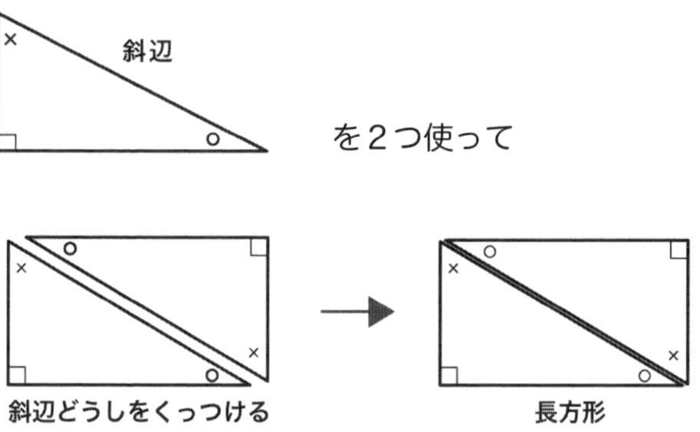

長方形の面積はタテ×ヨコでしたから、その半分が直角三角形になりますね。

ですから、直角三角形の面積＝タテ×ヨコ÷2。

ここで長方形のタテは直角三角形の高さ、長方形のヨコは

直角三角形の底辺にあたりますから、

直角三角形の面積＝ヨコ × タテ ÷ 2
＝底辺 × 高さ ÷ 2

となります。

まあ、たしかに長方形を対角線で分けると２等分できるのは視覚的にわかりますね。

それでは、直角三角形ではない三角形の面積はどうなるのでしょうか？

直角三角形ではない三角形は２種類に分かれます。
鋭角（えいかく）三角形と鈍角（どんかく）三角形です。

鋭角三角形・・・鋭角とは、90°より小さい角度という意味なので、三角形の３つの角の大きさがすべて 90°より小さい三角形のことです。

鈍角三角形・・・鈍角とは、90°より大きい角度という意味なので、三角形の３つの角の中で１つだけ 90°より大きい角度になっている三角形を言います。

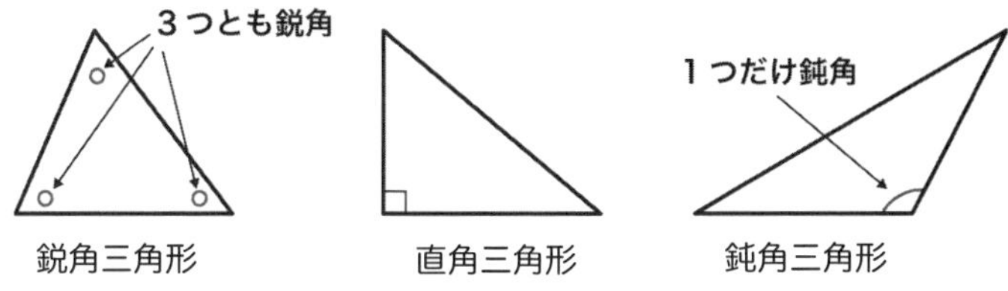

ちなみに『三角形の内角の和は180°』ですから、三角形の3つの角度をすべてたすと180°になります。したがって、鈍角三角形は3つの角の中で1つだけ90°より大きくなります。あくまで1つの角だけが90°より大きいのです。なぜなら、「3つの角度がすべて鋭角である」鋭角三角形と同じように3つの角度をすべて鈍角にすると・・・そんな三角形は書けません。鈍角が2つある時点で、この角度を足し合わせたものは180°を超えてしまいます。

ここで、鋭角三角形の面積を求めてみましょう。少し前のことを思い出してください。面積のことを考えるときは『とても細く千切りした線分』を集めました。

その方法で考えると・・・

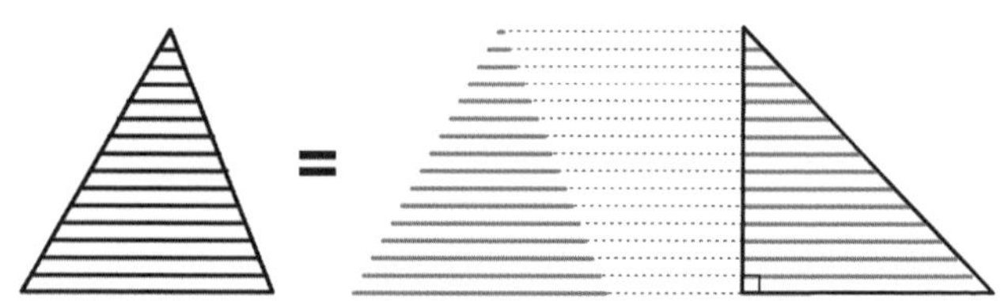

図のように、「とても細く千切りした線分」の左端を、底辺の左端と垂直になる直線上にそろえます。

簡単に言うと、各線分の左端をまっすぐにそろえた感じです。するとこれは直角三角形になりますね。

つまり面積はヨコ × タテ ÷ 2、長方形の面積の半分と同じになります。 ということは、

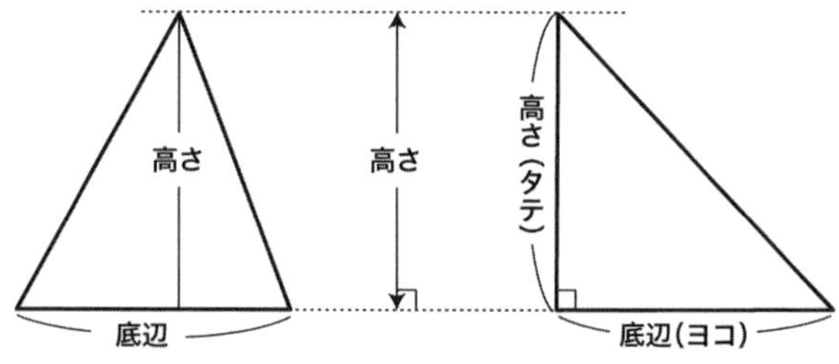

このように鋭角三角形の面積は、直角三角形の面積に書き直すことができます。直角三角形の面積は長方形の面積の半分と同じですから、鋭角三角形の面積も同様に、

底辺 × 高さ ÷ 2となるわけです。

今度は鈍角三角形にチャレンジしてみましょう。

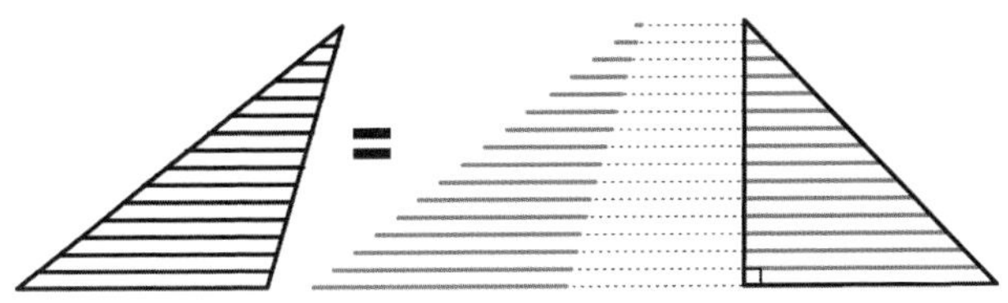

図のように鈍角三角形は3つの角の中で1つだけ 90°より大きい角度になっている三角形を言いました。鋭角三角形のときと同じように『とても細く千切りした線分』の左端を底辺に垂直になる直線上にそろえてみましょう。すると直角三角形になりますね。ということは長方形の面積の半分ですから、ヨコ×タテ÷2、つまり底辺×高さ÷2となります。

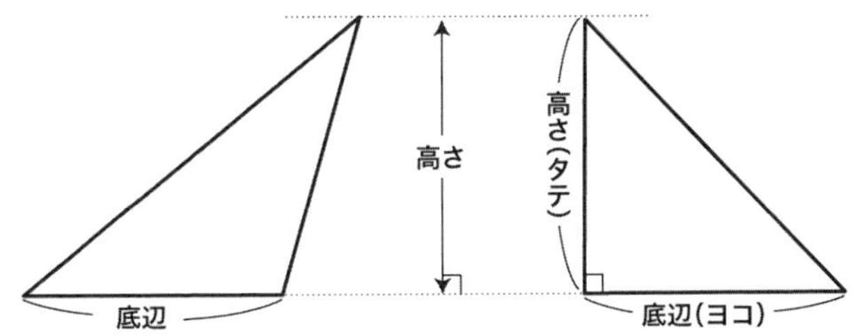

これですべての三角形の面積は、その三角形が鋭角三角形であろうと、直角三角形であろうと、鈍角三角形で あろうと、

『底辺×高さ÷2』

となりました。

ちなみにここで用いた、鋭角三角形や鈍角三角形の面積を求めるために同じ面積の直角三角形に変えていく作業を『等積変形』と言います。

底辺と高さが同じ三角形はすべて同じ面積ですから、いろいろな形があるということです。

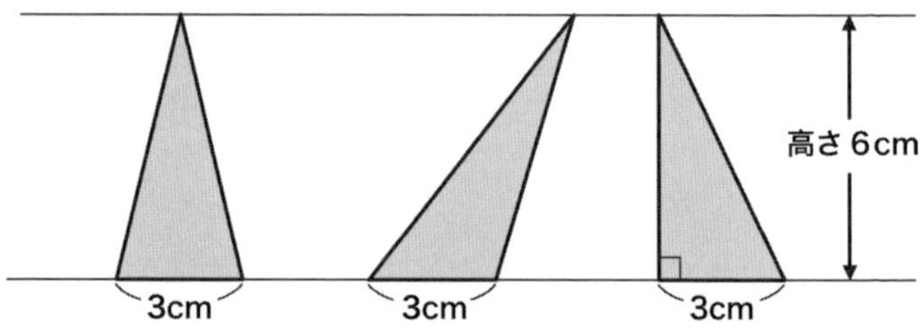

図の三角形の面積はすべて3㎝×6㎝÷2＝9㎠となります。

4 台形の面積

ひと昔前、小学生の教科書から台形の面積の公式がなくなることが決まり、世論を騒がせたことがあります。今はまた復活していますが・・・

『(上底＋下底) × 高さ ÷ 2』

この台形の面積を考えてみましょう。

まず、因数分解・・・!? これは中学生になってから？いえ､じつは小学生も行っているのです。別名『計算の工夫』です。計算の工夫・・・なんとも便利な言葉ですね。でも、小学生が行うのは因数分解でも初歩的なものです。

2が3回たされることを、2＋2＋2と書きますから、2×3＝6と言いますよね。同じように、2が5回たされることを2＋2＋2＋2＋2と書きますから2×5＝10です。

では、この2×3と2×5を合わせてたしてみると、2が3回と2が5回を合わせるわけですから、2が合計3＋5＝8回たし合わされます。これは、

$$\mathbf{2} \times 3 + \mathbf{2} \times 5 = \mathbf{2} \times (3 + 5) = \mathbf{2} \times 8$$

と書くことができます。これが小学生が行う『計算の工夫』なのです。たとえば、5 × 6 + 5 × 8 であれば、まず「5が6回たされる」、次に「5が8回たされる」、そして各々をたし合わせるわけですから、5が合計で 6 + 8 =14 回たされますね。ということは、

$$\mathbf{5} \times 6 + \mathbf{5} \times 8 = \mathbf{5} \times (6 + 8) = \mathbf{5} \times 14 = 70$$

です。この考え方を台形の面積に使ってみます。

台形とは『1組が平行である四角形』を言います。

したがって、台形には必ず平行線があります。

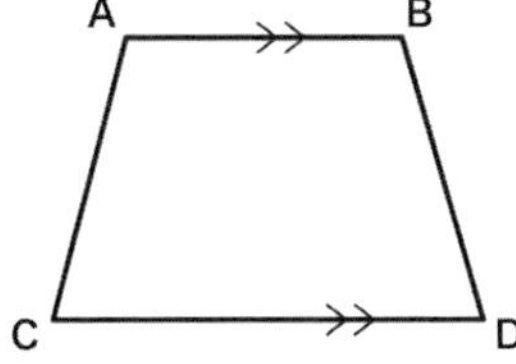

図の台形 ABCD では AB と CD が平行です（AB // CD と書きます）。

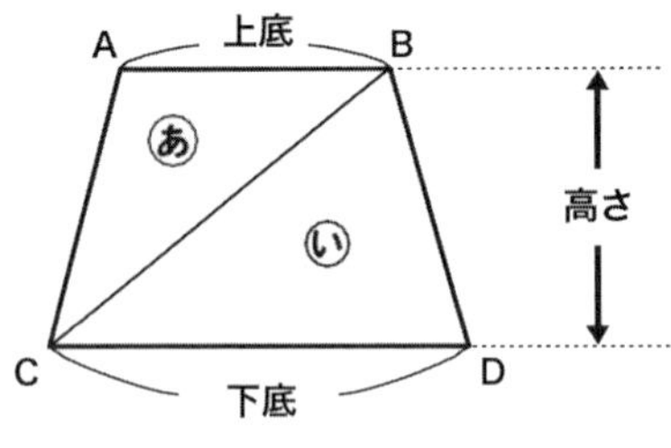

この台形 ABCD を左図のように△ ABC と△ BCD に分割します。すると、△ ABC（㋐の部分）の面積は、上底 × 高さ ÷ 2 になります。△ BCD（㋑の部分）の面積は、下底 × 高さ ÷ 2 になります。お待たせしました。台形 ABCD の面積は㋐と

ⓘ部分を足し合わせてできるので、

台形の面積＝ⓐの面積＋ⓘの面積

＝（上底×高さ÷2）+（下底×高さ÷2）

先ほどの『計算の工夫』の方法を用いて、

台形の面積＝（上底×高さ÷2）+（下底×高さ÷2）

＝（上底＋下底）×高さ÷2

の完成になります。たとえば、「上底3㎝、下底5㎝、高さ4㎝の台形の面積は？」

台形の面積＝(上底＋下底)×高さ÷2

＝(3+5)×4÷2＝16(㎠)となります。

たしかに台形を対角線で分ければ三角形が2つできますから、台形の面積の公式は不要であるとの考えもわからないではありません。でも、『計算の工夫』の考え方はとても重要だと思います。台形の面積を求める公式の意味がわかりやすいですよね。もちろん、この公式の成り立ちの考え方は他にもたくさんあります。前に使った「とても細く千切りした線分を左端に寄せる」も使えますが、やはり最後に『計算の工夫』が出てきます。

『計算の工夫』の考え方をよく理解して、さらに一歩進んだ『いつも計算には工夫を！』していきたいものですね。

5 円周率（π）

π ＝ 3.141592……聞いたことのない人がいないくらい有名な数値です。円周の長さや円の面積を求めるために使われる固有の値です。

『円周は円の直径のおよそ３倍になる』――この事実は紀元前 19 ～ 16 世紀ごろの古代バビロニアではすでに知られていたそうです。

（円の直径）×（およそ 3）＝ 円周の長さ

この式から､円周の長さ÷円の直径＝およそ３と導けます。この“およそ３ ”をπ (パイ)と言い､円周率と呼んでいます。π＝円周の長さ÷円の直径、であり、円周の長さ＝円の直径×πです。本書ではこの先、計算の都合上、π＝ 3.14 とします。たとえば、「直径 10㎝の円周の長さは？」は、

円周の長さ＝直径×3.14 なので 10 × 3.14 ＝ 31.4 ㎝

となります。

余談ですが、π（円周率）は魅惑的な（私の個人的な意見ですが）数で、エジプト最大を誇るクフ王のピラミッドには「ピラミッドの底面の周の長さは、高さを半径とする円周の

長さに等しい」という有名な話があるのをご存知でしょうか(数学関係者の中で有名なだけかもしれませんが)。

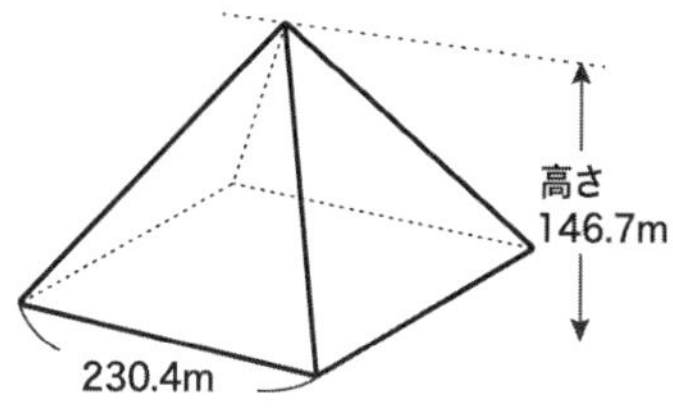

クフ王のピラミッドの底面は、1辺が約 230.4 mの正方形で、高さは約 146.7 mです。

底面の周の長さ＝ 230.4 × 4 ＝ 921.6 m。

高さを半径とするので直径は 146.7 × 2 ＝ 293.4 m、これを直径とする円周の長さは 293.4 × 3.14 ＝ 921.276 m。少々誤差はあるものの、たしかにクフ王のピラミッドの場合「底面の周の長さは高さを半径とする円周の長さに等しい」のです。

ちなみに、初めてπ(円周率)の値を数学的に計算したのは古代ギリシアのアルキメデス(紀元前 287 頃〜紀元前 212)だそうです。「アルキメデスの原理」というのを聞いたことがありませんか？　満水の状態にある容れものに王冠を沈めたとき、水のあふれた分がその王冠の体積と同じであるという話です。簡単に言うと、お湯をいっぱいにはった湯船に自分がザブンとつかったときにお湯があふれますよね。その後、湯船から上がったときに減ったお湯の量が、自分の体積と同じだということです。これが「アルキメデスの原理」です（厳密に言うと、頭の先からつま先まで全部湯船に沈めないといけませんが）。

さて、話をクフ王のピラミッドに戻しますと、初めてπの値を計算したのは紀元前３世紀ごろのアルキメデス。クフ王のピラミッドが作られたのは、それより2000年も前ですからピラミッドに隠されているπはすごいことです。ロマンを感じます。

もう一つつけ加えると、このアルキメデスから遥かさかのぼった紀元前17世紀には、πがおよそ３であることが知られていたのです。世界最古の古代エジプトの数学書『リンドパピルス』には「直径の長さが９の円の面積は１辺の長さが８の正方形の面積に等しい」とあるのです。これを確かめてみますと、円の面積は半径×半径×πなので、直径が９ですから、4.5 × 4.5 × 3.14 ＝ 63.585。１辺の長さが８の正方形は８×８＝64で、ほぼ等しいですね。何と言っても紀元前17世紀ですから多少の誤差は許しましょう。

このころはアルキメデスのように計算を用いて証明はされていません。いわゆる、事実を述べるに過ぎなかったわけですが、しかし、当時、円の面積まで知られていたのですから人間の叡智というのは驚くべきものです。

クフ王のピラミッドが造られてから800年を経てリンドパピルスにπに関する記述がなされ、そこからまた1400年以上を経てアルキメデスが数学的にπの値を計算で求めた、そのπが、πとして解明されるまでに2000年以上もかかっているのです。この遥かなる年月を想うと、もっとπに敬意を表して大切に使いたくなりませんか？

◎円周率はなぜ3.14……なのか

円周率πが3.14……になるのは算数のレベルでは紹介できないのが残念です。簡単に言うと・・・、と言ってもそんな簡単にはいかないのです。まず頭の中で、正三角形、正四角形（正方形）、正五角形……と思い浮かべてください。正二十角形……正百角形……やがて円に近づくのがわかりますか？　そこから考えていき、中学生以上の数学を登場させて3.14……の基本形が求められるのです。しかし、3.14……の……の部分は永遠に続くので永遠の研究課題になっています。

ところで、この円周率は数学の世界だけでなく、多方面で活用されています。

超高性能のスーパーコンピュータでは、どこまでくわしく計算できるかの演算競争が続けられています。

また、もっと人間的な話題では、円周率を何万桁も暗記することをライフワークとしている人もいます。ちなみに長らく円周率暗記の世界記録保持者は、日本の電器メーカーに勤めていた日本人サラリーマンだそうですよ。

3.1415926535 8979323846 2643383279 5028841971 6939937510
5820974944 5923078164 0628620899 8628034825 3421170679
8214808651 3282306647 0938446095 5058223172 5359408128
4811174502 8410270193 8521105559 6446229489 5493038196
4428810975 6659334461 2847564823 3786783165 2712019091
4564856692 3460348610 4543266482 1339360726 0249141273
7245870066 0631558817 4881520920 9628292540 9171536436
7892590360 0113305305 4882046652 138414[illegible] [illegible]415116094
3305727036 5759591953 0921861173 819[illegible] [illegible]548
0744623799 6274956735 1885752724 8[illegible] [illegible]12
9833673362 4406566430 8602139494 [illegible] [illegible]8
6094370277 0539217176 2931767523 84[illegible] [illegible]2
0005681271 4526356082 7785771342 757[illegible] [illegible]7872
1468440901 2249534301 4654958537 10507[illegible] [illegible]2589235
4201995611 2129021960 8640344181 5981[illegible] [illegible]960
5187072113 4999999837 2978049951 0597317328 1609631859....

6 円の面積

円の面積は『半径×半径×3.14』と習った記憶がありますね。でも、なぜ半径を2回かけて、さらに円周率をかけると円の面積になるのか、その理由を答えられる方は非常に少ないのではないでしょうか。それではさっそくこの理由を考えてみることにしましょう

まず、長方形や三角形のときと同じように『とても細く千切りした線分』を思い浮かべてください。ただ、今回は千切りの仕方が今までとちょっと違いますので、次に書く内容をイメージしてください。

今、ここに丸いケーキ（ホール）が1つあります。このケーキを8等分してください。皆さんはどのように切りますか？ごく普通にイメージしてくださいね。

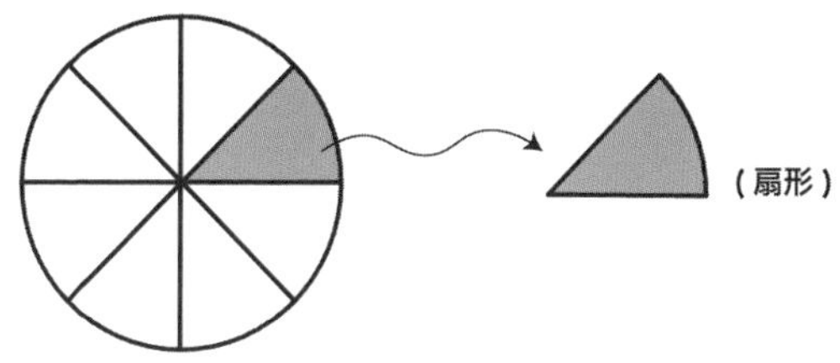

前のページのような形ではありませんか？　円の中心(ケーキの中心でした)から放射状に8等分するのが一番良い方法だと思います。この切り方で今度は円を分割してみましょう。まず、円をホールのケーキを切るときのように中心から放射線状にできるだけ細く切ります。とても細く切った扇形を互い違いになるように半径の部分をくっつけながら横に並べていきますと・・・

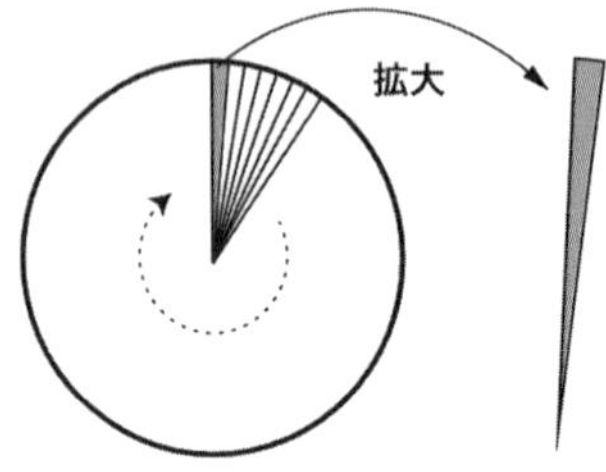

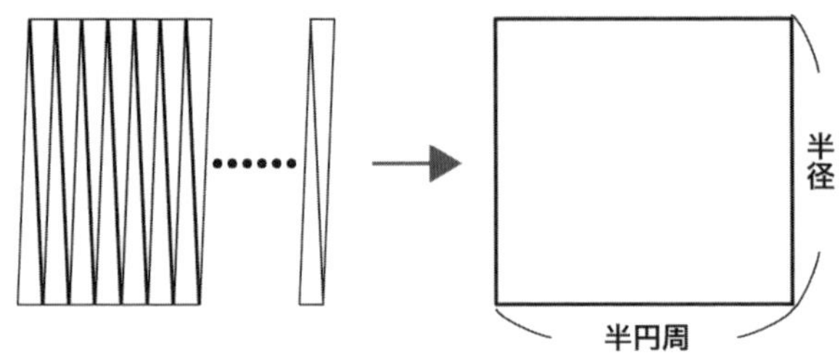

とても細く切った扇形は『とても細く切った線分』に近い状態なので、これを横に並べたものは長方形に近づいていきます。この長方形のタテの長さは扇形の半径に等しく、ヨコの長さは扇形を互い違いに並べているので円周の半分の長さ（半円周）に等しくなります。

そこで、円の面積＝とても細く切った扇形を横に並べてできた長方形の面積＝半円周 × 半径＝(直径 × π ÷ 2)× 半径。

半径＝直径 ÷ 2になるので、上の式から円の面積は『半径 × 半径 × π』になります。

こうして、円の面積の公式は円周の長さを用いて導くことができます。

ここで余計なことを１つ。円を前述したとおりに分割してできた１つの部分を扇形と言いました。

扇形の丸い部分、つまり円周の一部を弧と呼びます。扇形の面積は、この弧の長さを用いて求めることができます。

扇型の面積＝弧の長さ × 半径 ÷ 2です。これは三角形の面積を求める、底辺 × 高さ ÷ 2に非常によく似ていますね。

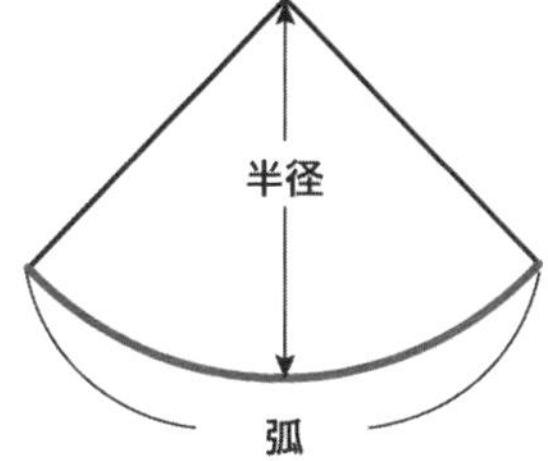

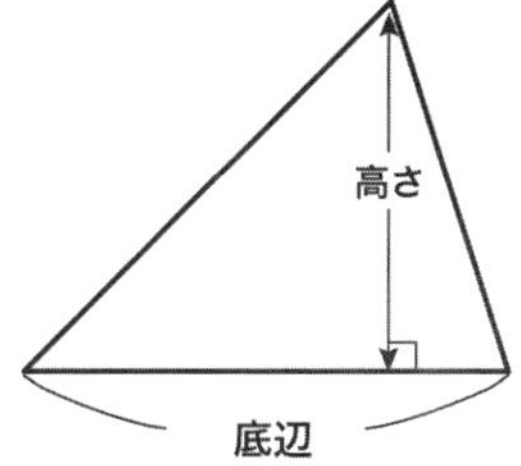

この先、少しむずかしいのですが興味がわいた方はぜひ読んでみてください。

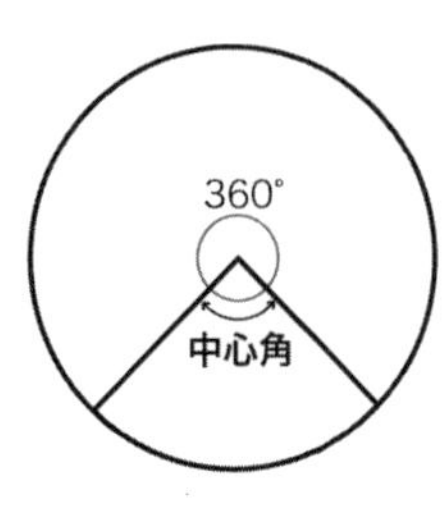

さて、弧の長さ×半径÷2がどうして扇形の面積になるのかと言いますと、扇形には中心角という場所があり、角度は1周すれば360°なので扇形は全体の$\frac{中心角}{360°}$と考えることができます。

扇形の面積は、円の面積の一部ということですね。

ということは、

扇形の面積＝半径×半径×π×$\frac{中心角}{360°}$ ・・・ ①ですね。

また、

弧の長さ＝円周の長さ×$\frac{中心角}{360°}$

つまり、

弧の長さ＝直径×π×$\frac{中心角}{360°}$ ・・・ ②です。

①と②を合体すると、

扇形の面積＝半径×$\frac{1}{2}$×直径×π×$\frac{中心角}{360°}$ （②のこと）

＝半径×$\frac{1}{2}$×弧の長さ

＝弧の長さ×半径÷2

になります。

たとえば弧の長さが5㎝、半径が4㎝の扇形の面積は、底辺が5㎝、高さが4㎝の三角形の面積の公式と同じで、

5×4÷2＝10㎠となります。

私が、この弧の長さの公式を初めて知ったのは小学6年生の、中学入試の勉強をしていたときのことです。頭の良い友だちと扇形の問題を解いていたときに「扇形の面積は、弧の長さ×半径÷2だから」と彼が言ったのを聞いて、当時の小生は「???」。

「どうして？」と聞くと「知らないの？」と友だち。

「初めて聞いた」と驚きの感情を隠せずに言うと、「お前、知らなきゃ落ちるよ」と・・・。

たしかに、これすら知らなかった私は見事に中学受験に失敗しました。中学受験に限らず、大学受験でもいわゆる「公式」というものが横行している世の中ですが、理由がわからないままで使うのは、教育的にはあまり好ましくない気がしますね。(笑)

つぶやき日記 ❷

「ひなの唐揚げニッコリパクッ！」えっ？　なんのこと？これは、17 × 17 が 289 のことです。

17…ひなの唐揚げ。289…ニッコリパクッ、に対応します。そのほか、11 から 19 までですが、

11 × 11 ＝ 121（いちいち言われず位置にいろ）

12 × 12 ＝ 144（イチに大声、人呼べよ）

13 × 13 ＝ 169（いのさんかかったキーロック）

14 × 14 ＝ 196（医師はみたてで一苦労）

15 × 15 ＝ 225（いちごは、パックに 25 個）

16 × 16 ＝ 256（いろんな数字ゴロ合わせ）

18 × 18 ＝ 324（一羽取ったらさあ西へ）

19 × 19 ＝ 361（インクが出ないの寒いせい）

こんな感じです。

さて、この出典は ???　小生が、小学生の頃に通っていた塾の先生のゴロ合わせです。毎回の授業で、このように唱えながら授業をしていた、小生の塾の算数の先生は、大変面白く、さらに解説が上手だったことを、今でも覚えています。

小学生の頃の塾体験 (経験) は、その後の中学校、高校、大学に行っても、重要な要素を占めています。あの頃に実行

した反復練習。それと同じことを、大きくなってからも行うわけですから… 。そういう意味で、塾体験は、小学校や中学校では得られない、授業の面白さを体験しています。

そういうと、小学校や中学校は面白くないのか ???
少なくとも、小生が小学生の頃は、面白くなかったものです。現在の、公教育は、児童の「やる気」を育てる教科書に変わっていますが、昔の教科書は、素っ気ないものでした。

そして、たくさん配られるプリントとドリル。勉強が好きになるには、ほど遠いものでしたからね。現在は、まずは、やる気を育てて、どんどん学習できる態勢ですから、今の児童は、うらやましい限りです。

それでも、今の児童は、贅沢(ぜいたく)で、二言目には、授業がつまらない !!　と言っていますから、そういうところだけは、歴史を受け継ぐようですね。

ともあれ、ゴロ合わせでもなんでもいいですから、まずは、勉強と楽しく付き合うことが大切です。よく、親は “ 勉強は、自分のためなんだから、しっかりやりなさい！ ” と、お説教をします。自分が、子供の頃に叱られたセリフと同じだったりします。むしろ、すぐに怒るのではなく、まずは、勉強の楽しさを、親も教えてほしいものですね。“知ることの楽しさ”、“理解することへの自信”——これらを提供してあげるのが、親であり、教師であり、小生であるわけです。

そんな小生は昔、母に怒られる毎日でした。怒られない日はなかったです。褒められない子供であった小生は、すっかりひねくれてしまい、よく“ミニ家出”をしていたものです。子供ながらに、何度も死のうなんて思いましたから・・・。でも、死ぬ勇気もなかったので、いま、ここで本を書いているわけです。(笑)

でも、こうした経験から、マイナスをプラスに変えるエネルギーを学習しました。どうすれば、褒められるか？　そして開き直れるか？　です。あまり好ましくはないですが、開き直りがうまくなりました。困難を気にしないようになったわけです。

マイナスは、すべてマイナスになるわけではないですね。“災い転じて福となす”——そんな心の余裕が大切だと思います。

3時間目
くらしの計算に
強くなろう
七月七日（火）

1 お買いもの

「安もの買いの銭（ぜに）失い」
非常に含蓄（がんちく）の深い、じつに素晴らしい言葉であります。
え？　何が素晴らしいかって？

ここにも算数・数学がかる〜く潜んでいるのです。私の体験談で申し訳ないのですが・・・以前、仕事用のスーツをディスカウントショップで 29,800 円で購入しました。2 年ほど着るとかなりくたびれてきて古着っぽくなってしまいました。スリーシーズン用でしたので 4 月から 9 月までの半年間、1 ヶ月におよそ 6 日ほど着ていたので 2 年間で約 72 日着用していたことになります。ということは一日あたり、
29800 ÷ 72 で約 414 円です。

さて、別のスーツ。もう 3 年も着ている 49,800 円のスーツ。こちらもスリーシーズンで使用頻度も先ほどのとほぼ同じ、だいたい 1 ヶ月に 6 日程度です。1 日あたりに換算すると、49800 ÷ 108 で約 461 円。でもこのスーツはまだ古びていないので、たぶんあと 1 年は着られるでしょう。仮にあと 1 年、今までと同じように着るとすると、4 年間で

144日になりますから、1日あたりは約346円になります。こうして見てみると、29,800円のスーツより49,800円のスーツの方がコストパフォーマンスが高い！　ということになりますよね。

すべてのものに言えるわけではありませんが、値段の高いものほど耐久性も高いように感じます。耐久性を考慮に入れて1日あたりに換算してみると、買うときの値段の高い、安いはあまり関係なく、かえって高いものの方が安くつくことも多々あります。

食べものの場合は…。食べものの耐久性、それは腐らないもの??　う〜ん、困りました。食べものの場合は加工された腐りにくいものより、腐りやすい生ものの方が総じて高い場合が多いですもんね。食品には前述した法則を当てはめるのはむずかしいのでご注意ください！

2 スーパーマーケットにて

「スーパーマーケット」の言葉のイメージは「SALE」や「安い！」ですよね。

私たち消費者は、その中から、いかに良い品を安く手に入れるかが課題です。さあ、それではここで皆さんのお買いものの直感力を見てみましょう。

Q.「1個87円のリンゴ。このリンゴ3個で260円！」
これは得でしょうか？　損でしょうか？

答えは・・・得！　です。1個だと87円、これをそのまま3個買うと、87 × 3 = 261円。これが260円ですから1円の得になりますね。

さあ、次です。

Q.「50 gで138円の海苔の佃煮が120 gで330円」
これは得でしょうか？　損でしょうか？

答えは・・・得！　です。この場合は1gの値段を調べてみるとわかります。50gで138円の海苔の佃煮1gの値段は、

138 円 ÷ 50 g ＝ 2.76 円。

120 g で 330 円の海苔の佃煮 1g の値段は、

330 円 ÷ 120g ＝ 2.75 円。

120 g で 330 円のほうが 1g について 0.01 円安いのですから 100g で 1 円安いことになりますね。ビミョーな値段の差ですが・・・

では、もう 1 つ。

Q. スーパーで食品包装用のラップフィルムが『月間おすすめ商品！ 15m 巻き 88 円 !!』で売っていました。その隣には、同じメーカーの商品で 25m 巻き 158 円と 35m 巻き 198 円という値札。さて、やはりここはお店がすすめるとおりに『月間おすすめ商品』を買うのがお得なのか、それとも量の多い方がお得なのか？

皆さんの直感はいかがでしょうか？　これは現実に私がスーパーで出くわした難問です。ではまず、1m 当たりの値段を調べてみましょう。

月間おすすめ商品は 15m で 88 円ですから、1m 当たり、88 ÷ 15 ＝ 5.8666…で約 5.87 円。25m 巻きは 158 円ですから、1m当たり、158 ÷ 25 ＝ 6.32円。35m巻きは198円ですから、1m当たり、198 ÷ 35 ＝ 5.657…で約5.66円。

答えは・・・なんと一番お買得なのは月間おすすめ商品ではなく、35m巻き198円のラップでした。たしかに『月間おすすめ商品』とあるだけで「一番安い」とはどこにも書かれていませんので表示に間違いはありません。う〜む、お店もなかなかやります。

実際、わたしはこのような場面に遭遇（そうぐう）した場合、スマホの計算機を使って1m当たりの値段を計算します！

「ケチ！」と言われるかもしれませんが、POPの宣伝文句や数字の直感的なトリックにひっかからないようにゲーム感覚で計算しています。

このようにラップの1mあたりの値段のことを『単位量当たりの値段』と数学的には言います。「100g、〜円」とか「1m、〜円」なども同様に単位量当たりの値段です。

さて、こんな私が先日スーパーマーケットで「レタス１個98円」という安さに惹かれて思わずゲット。

このレタスはきっちりとラップが巻かれていたのですが、

それをはがしてビックリ！　スカスカで葉がほんの少ししかなかったのです。

1個で十分作れると思った料理にぜんぜん足りない…。

レタスがラップに巻かれていたために葉っぱ一枚あたりの値段、単位量当たりの値段を調べられなかったので、まさに『安もの買いの銭失い』をしてしまったわけです。

そう言えば子どものころ母親と買いものをしたときにレタスやキャベツなどの葉もの野菜を買うとき、母はポンポンと手の上で重さをはかって選んでいました。

食品の場合は、やはり母の知恵にはかなわないのでしょうか…。（涙）

3 ミックスジュース

小学生のころ、友だちが「100％のオレンジジュースと100％のリンゴジュースを混ぜたらどうなるかなあ??」と塾で言っていました。当時はとても素直だった小生は、オレンジジュースとリンゴジュースを同じ量混ぜるのであると勝手に思い込み、「50％のミックスジュース」と答えました。すると友だちは「おまえ飲んだことあるの？」と… 。

たしかに飲んだことはありませんでした。友だちが求めていた答えは、おいしいか？　まずいか？　だったのですね。どうも彼は「まずいに違いない」と思っていたようですが、ためしに実際に作って飲んでみると、非常においしかったのです。

友だちの答えも間違っていたのですが、当時から数字が出てくるとついつい計算の方向へ走ってしまう私のアタマは、子どもらしくない考え方をしていたものだと苦笑まじりに思い出します。

さて、本題でありますが、このコーナーで扱いたいのは100％のオレンジジュースの「100％」の部分です。

%のことをパーセントと読み、日本語では『百分率（ひゃくぶんりつ）』と言います。読んで字のごとし、「百分（ひゃくぶん）」ですから100等分しているわけです。

そう、$\frac{1}{100}$にしているのです。ですから、たとえば30%であれば100等分したうちの30個分という意味です。55%ならば100等分したうちの55個分、$\frac{55}{100}$です。

すると気になるのが、小学生時代に学習した「食塩水の問題」です。「3%の食塩水100g」ならば、100gの$\frac{3}{100}$つまり3 gが食塩で残りの100 － 3 ＝ 97gが水ということです。全体の3%の割合で食塩が溶けているということになります。

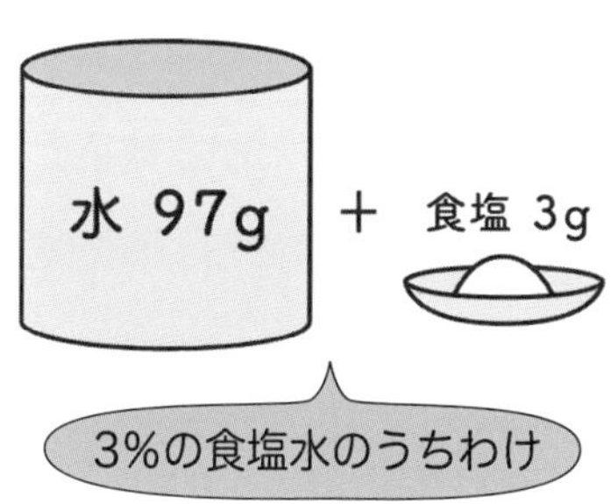

4 食塩水の問題のイメージ

「3%の食塩水 100g」をもう一度考えてみましょう。

全体の3%、つまり百等分したうちの3つ分に当たる$\frac{3}{100}$が食塩になりますから、この食塩水には食塩が100(g)中3(g)溶けていることになります。水は97(g)です。ここで引っかかる方が多いのです。食塩3(g)は固体、水97(g)は液体。これを混ぜて食塩水100(g)の液体。

気づきましたか？　気になる部分をもう一度。

「3(g)の固体と97(g)の液体を混ぜて100(g)の液体になる」算数(数学)というよりは、理科(化学)ですよね、物の状態が変わっているのですから。固体と液体を混ぜて液体になる、なんてややこしい…。だから数字として頭に入りづらくなってしまうのです。ですから、問題を読んで「ん？」と引っかかってしまう方はこんなふうに考えてみましょう。

２つの同じ大きさのプールを頭に浮かべてください。

１つのプールをA、もう１つのプールをBとします。Aのプールには人が５人入っていて、Ｂのプールには７人入っています。これが先ほどの食塩水のイメージなのです。Ａのプール５人とＢのプール７人を食塩とイメージしてください。

Ａのプールは５人なので５%の濃度、Ｂのプールは７人なので7%の濃度としましょう。Ａのプールの５人は初めは仲よくかたまって遊んでいましたが、やがてバラバラに泳ぎはじめました。Ｂのプールの７人もバラバラに泳いでいます。これが水の中で食塩が溶けた状態です。食塩の１つ１つの粒が水の中でバラバラになって、溶けた状態と同じイメージです。さあ、ここからが大切です。しっかりイメージをふくらませてくださいね。

Ａのプールでは５人の人がバラバラに気持ちよさそうに泳いでいます。ところが、突然ですがこのプールが半分しか使えなくなりました。５人は泳ぐのが窮屈になりますよね。この窮屈になった状態が食塩水が濃くなったのと同じイメージです。数学的ではありませんが、最初のゆったりと泳いでいたときのプールが半分になってしまい、泳ぐのに窮屈になったので、濃度が 5%から 10%になるイメージなのです。

つまり、食塩水の濃度とは人口密度のようなもので、一定の領域の中に食塩がどれくらい溶けているかを表しているのです。

さあ、今度はＡのプールとＢのプールをドッキングしてみましょう。とても広々としたプールに５人＋７人＝12 人が泳ぐことになりました。窮屈ではありませんよね。プールはＡもＢも同じ大きさでしたから２倍の大きさになったのです。これを食塩水とイメージして 12 人だから 12％ ???

あれっ、ドッキングする前より濃くなる？ それはおかしい、濃くなるというのは食塩が窮屈になる状態のはずです。

次ページの図からもイメージできますが、一定の領域での人口密度が濃度のイメージですので、同じ量の５％と７％の食塩水を混ぜた結果は６％になります。

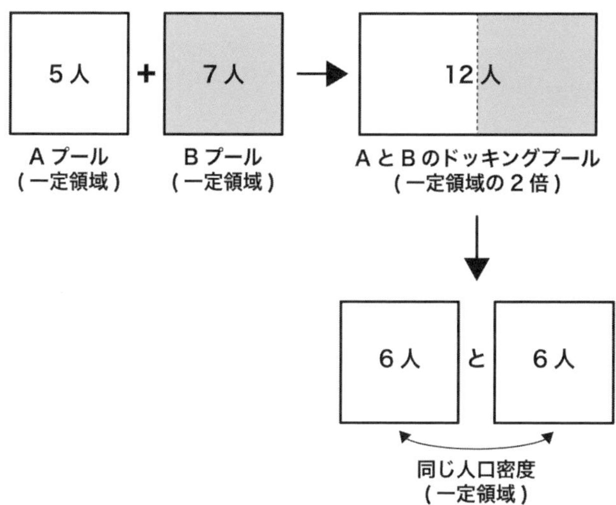

実際に食塩を水に入れると、食塩がナトリウムイオンと塩素イオンにバラバラに分かれるそうです。これを食塩の水溶液と言います。ナトリウムイオンと塩素イオンがバラバラに気持ちよさそうに（？）水の中を泳いでいるのをイメージすると、プールの中の人口密度と似ているのがなんとなくわかる気がしませんか。

5 きちんと食塩水問題

というわけで、今度は数学的に考えていきましょう。

『5%の食塩水 100g』をイメージしてください。

100g 中の 5%＝ 0.05 ＝ $\frac{5}{100}$

つまり 100(g) × $\frac{5}{100}$ ＝ 5 (g) の食塩が水の中を気持ちよさそうに泳いでいるイメージです。

そして次に『質量はウソをつかない！』を覚えておいてください。質量とはその物体の力学的な量で、簡単に言うと重さです。その質量は、たした分だけ増え、減らした分だけ減っていく。つまり、

100 (g) ＋ 100 (g) ＝ 200 (g)、

200 (g) － 100 (g) ＝ 100 (g)　ですが

100 (g) ＋ 100 (g) ＝ 201(g) (×)

これが『質量はウソをつかない』の意味です。

ということは、5%の食塩水 100(g) には 5(g) の食塩が入っていて、水は 100 － 5 ＝ 95(g) です。間違えないでくださいね。5%の食塩水 100g は、100g の水に 5g の食塩が入っているのではありません。ここは要チェック！　です。

今度は、5%の食塩水 200g で考えてみましょう。

200g のうち 5%が食塩、残り 95%が水になりますから、$200(g) \times 5\% = 200 \times 0.05 = 200 \times \frac{5}{100} = 10(g)$ が食塩、$200 - 10 = 190(g)$ が水になります。

さあ、それではいよいよ２種類の食塩水の登場です。

『5%の食塩水 200g をA、8%の食塩水 100g をBとします。このAとBを混ぜるとどうなりますか？』

Aの中身の詳細は、食塩が 200g 中 5%なので、

$200 \times 0.05 = 200 \times \frac{5}{100} = 10$ (g)、

水が $200 - 10 = 190$ (g)。

Bの中身の詳細は、食塩が 100g 中 8%なので、

$100 \times 0.08 = 100 \times \frac{8}{100} = 8$ (g)、

水が $100 - 8 = 92$ (g)。

AとBを合わせると、

食塩が $10 + 8 = 18$ (g)、水が $190 + 92 = 282$ (g)。

『質量はウソをつかない』ので、

合計、$200 + 100 = 300$(g)。

300g 中に食塩が 18 g 気持ちよさそうに泳いでいるイメージですから、全体 300g の中で食塩の占める割合は、

$\frac{18}{300} = \frac{6}{100} = 6\%$になります。

さあ、もう一度チャレンジ！

Q. 7%の食塩水 200g と 12%の食塩水 300g を混ぜると何%の食塩水になりますか？

まず、7%の食塩水をA、12%の食塩水をBとします。
Aは、200g 中 7%が食塩ですから
$200 \times 0.07 = 200 \times \frac{7}{100} = 14(g)$ の食塩と
$200 - 14 = 186\ (g)$ の水が入っています。

同様にBには、300 g 中 12%が食塩ですから
$300 \times 0.12 = 300 \times \frac{12}{100} = 36g$ の食塩と
$300 - 36 = 264(g)$ の水です。

『質量はウソをつかない』のでAとBを合わせた全体、
$200(g) + 300(g) = 500(g)$ 中に、
食塩が $14 + 36 = 50(g)$ 入っていますから、500(g) 中、
食塩の占める割合は全体の
$\frac{50}{500} = \frac{1}{10} = 0.1 = 10\%$になります。

答えは・・・　10%　です。

⑥ 中学受験での食塩水問題

先ほど扱いました**『7%の食塩水 200g と 12%の食塩水 300g を混ぜたら何パーセントの食塩水になるか？』**を、今度は中学受験用の解き方で考えてみましょう。

「7％の食塩水 200g」とは 200g 中の 7%、つまり

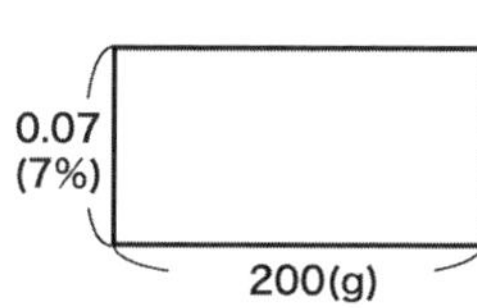

$200\times 0.07 = 200\times \frac{7}{100} = 14(g)$

が食塩ということでした。これを長方形の面積で表します。タテを濃度、ヨコを質量 (ここでは食塩水全体の重さ) にします。

この場合ですと、タテが 0.07 （= 7%)、ヨコが 200(g) です。この面積はタテ × ヨコですから 0.07× 200 = 14 (g) となり、ちょうど食塩の量に等しくなります。

このことから

食塩の量 (面積) =濃度の割合 (タテ)× 質量 (ヨコ)

この視覚化した求め方を『面積図』と言います。ちょうど長方形が食塩のかたまりのイメージです。

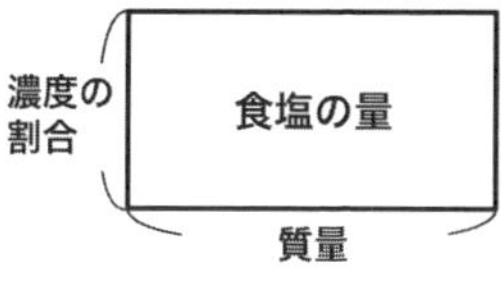

「12%の食塩水 300g」の場合は、タテに濃度の 12%＝0.12、ヨコに質量 (重さ) の 300g として、食塩の量はこの長方形の面積である 0.12 × 300 ＝ 36(g) となります。

0.12
(12%)
300(g)

そこでこの２つの食塩水「7%の食塩水 200g と 12%の食塩水 300g」を混ぜます。『質量はウソをつかない』ので合計 500g には変わりありません。変わるのは濃度です。これを面積図で表してみると、

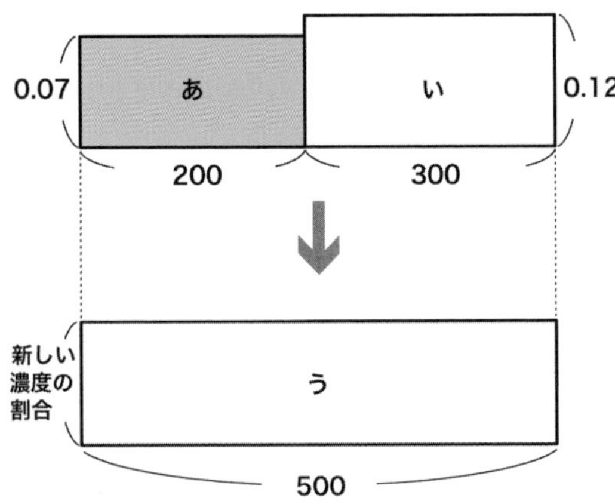

長方形「**う**」が新しい状態です。「**あ**」と「**い**」のかたまりをつなげて平らにならした感じですね。

それでは計算してみましょう。
「**あ**」の面積は 0.07 × 200 ＝ 14、「**い**」の面積は 0.12 × 300 ＝ 36 なので、「**あ**」と「**い**」の面積、つまり混ぜたときの合計の食塩の量は 14 ＋ 36 ＝ 50(g) です。
「**う**」の食塩の量も同じく 50g ですから、

500 ×（新しい濃度の割合）＝ 50(g)

（新しい濃度の割合）＝ 50 ÷ 500 ＝ 0.1 ＝ 10%

となりました。

これは視覚的にでき、かつ速い、ということもあって中学受験用必須アイテムになっているようです。

過激な中学受験（？）の小学生になると、さらにすごく速く解きます。

「混ぜた濃度は重さの逆比になる」

ということを知っていて、『7%の食塩水 200g と 12%の食塩水 300g』を混ぜるときは

重さの比が 200(g)：300(g) ＝ 2：3

なので、その逆比 3：2 を用いて 7%から 12%への 3：2 の場所である 10%になるというものです。

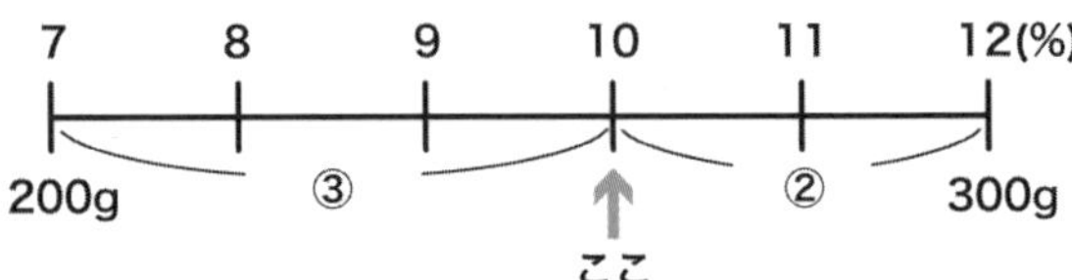

計算としては、

12 − 7 = 5(%)……濃度の差

$$5 \times \frac{3}{3+2} = 3(\%)$$

7 + 3 = 10(%)と簡単です。

今も昔も変わりませんが、受験テクニックというものがあるんですよね。でも、中学校側がこんなパズル的テクニックを要求しているかどうかは疑問ですが・・・。

7 果汁 100%

『果汁100%』、よく見る表示ですよね。

この果汁100%には2種類の表示があるのをご存知ですか？ 1つは「濃縮還元果汁100%」。もう1つは「ストレート果汁100%」です。同じ果汁100%なのに味も値段も違います。なぜなのでしょう？

「ストレート果汁100%」はネーミングのとおり、果実をそのまま搾った汁なので、果実そのものです。ちょっとわかりにくい「濃縮還元果汁100%」のほうをオレンジジュースとして考えてみましょう。

ストレート果汁100%のオレンジジュースならば、そのまま搾るだけで出来上がりです（細かいことを言うと防腐剤やら何やらが入るかもしれませんが、ここでは果汁のことだけ考えます）。濃縮還元果汁100%のオレンジジュースは、まずストレートに搾ったオレンジ果汁の水分を蒸発させて「オレンジ濃縮果汁」を作ります。そして販売するときに、蒸発させた水分を元に戻してパック詰めしているわけです。単純に考えても、オレンジの産地からオレンジをそのまま持ってくるよりも、水分が減っているわけですから軽くて運搬しやすいし、冷凍加工などすれば長期保存も可能なので、一年中材料の供給が可能です。低コストにつながりますよね。

さてここからがいよいよ本題です。本書は算数的かつ数学的なものですからね。(笑)

ストレートに搾(しぼ)ったオレンジ果汁の濃度は100%。

この果汁の水分だけを蒸発させたオレンジ濃縮果汁の濃度はいったい何パーセントなのでしょう？　さらにその濃縮果汁に水分を戻して(これが還元です)元のオレンジジュースの状態にする…、気がつきました？　濃度には100%を超えるものはありません。たとえば100%の食塩水100gが仮に存在したとすれば、これまでの話で、100g中100%つまり、100%は全部のことですから100%の食塩水100gとは100gすべてが食塩、すなわち水が入っていない状態です。

するとストレート果汁の水分を蒸発させるという時点で元々果汁には水が入っている。なのに果汁100%。さらに濃縮果汁に水を加えた（還元）のに果汁100%。

果汁 100%の濃度 100% とは何なのでしょう？

じつは、果汁 100%とは食塩水の濃度の%とは扱いが違うのです。果汁には、水＋果実の味を作る物質＋ビタミンいろいろ＋…。この果実の味を作る物質がストレート果汁のときと同じ割合 (含有率（がんゆうりつ）と言います) で入るときを 100%と言っているわけですね（厳密には少々異なりますが、算数、数学の話題からかけ離れますので、ここでは省略します)。このように濃縮還元果汁は加工をしたものになりますから、ストレート果汁と味が異なるわけです。しかし成分としてはストレート果汁と数値上同じ濃縮還元果汁を作ることが可能なんですね。

さて、最初の話を覚えていますか？「100%のオレンジジュースと 100%のリンゴジュースを混ぜたらどうなるか？」の話 (96 ページ) です。

正解は単なる「ミックスジュース」になるわけで、仮に同量を混ぜたとしてオレンジジュースの「果実の味を作る物質」がオレンジジュース全体のどれくらいなのか？　またリンゴジュースの「果実の味を作る物質」がリンゴジュース全体のどれくらいなのか？ ともに不明な限り、濃度については即答できないのです。ですから、「ミックスジュース」、もちろん「おいしいジュース」「まずいジュース」「甘ずっぱいジュース」などの答えも考えられます。まあ、そういう意味では「100%のオレンジジュースと100%のリンゴジュースを混ぜたらどうなるか？」は愚問と思われる方も多いかもしれませんが、決してそんなことはありません。

このようにいろいろなことを考えさせてくれた「正答のない問題」ですし、「リンゴとオレンジの100%ミックスジュース」という答えも間違いではありません。

愚問だなんてマイナス思考はいけませんね。

8 ～倍にうすめる

料理をしようと料理本を見ていたら「２倍にうすめる」と出てきました。たとえば「500㎖ のしょうゆを２倍に水でうすめる」というのはどういうことをすればよいのでしょう。さぁ、次の①、②のどちらが正しいのでしょうか？

「２倍にうすめる」とは？

① 500㎖ のしょうゆに 500㎖ の水を混ぜる。

② 500㎖ のしょうゆに２倍の水 1000㎖ を混ぜる。

正解は①です。

「２倍にうすめる」とは全体の $\frac{1}{2}$ がしょうゆになることです。もし「３倍にうすめる」ならば、全体の $\frac{1}{3}$ がしょうゆになります。

たとえば「500㎖ のしょうゆを４倍に水でうすめる」場合は全体の $\frac{1}{4}$ がしょうゆにあたるので $\frac{3}{4}$ が水。

つまり 500㎖ の３倍の水 1500㎖ を 500㎖ のしょうゆに足せばよいことになります。なかなかわかりにくい表現ですよね。

9 平均点

よく大学生から「今回のテストの平均点は何点ですか？」と質問されます。私からすると彼らは平均点を知ることで何を知りたいのか？　と疑問に思います。意地悪!?　な私は学生に「平均点は○点だよ。でも何で平均点を知りたいの？」と尋ねます。するとたいていの学生は「この前のテストがむずかしかったから…」と答えます。

つまり平均点を知ることでテストの難易度を知ろうとするのでしょう。では、「平均点が高いテストの問題は易しく、平均点の低いテストの問題はむずかしい」と断言して良いのでしょうか？　正しそうで、正しくない？　いや、正しい？

いくつかの場面を考えてみましょう。あっ、その前に『平均』を少し確認します。国語辞典によると「平均」とは「大小の差が生じないようにすること」「ほどよくつりあうこと」「いくつかの数のかたよらない中間の値」だそうです。

まあ、平たく言うと・・・の「平たく言うと」も平均のうち、ということです。要するに真ん中辺りの数を言っている

ようですね。算数、数学では、

平均＝（データの総和）÷（データの個数）

と習います。たとえば、「3人の学生の得点が78点、81点、87点のときの平均点は？」とあれば、データの総和は、78＋81＋87＝246点。これは3(個)のデータからできていますから平均点は、246÷3＝82点になります。イメージ(主観)の問題ですが、平均点82点はテストの平均点としては高得点のような気がします。あくまで気がするだけなのですが。

さて、今度は『3人の学生の得点が64点、82点、100点のときの平均点は？』とあれば、データの総和は64＋82＋100＝246点ですから、この3(個)のデータの平均点は246÷3＝82点となります。ということは『3人の得点が78点、81点、87点』と『64点、82点、100点』の平均は同じなのです。

みなさんはどちらのテストがむずかしいと思いますか？おそらく、最高87点、最低78点である前者のテストと、最高100点、最低64点である後者のテストの最高得点と最低得点を見て考えるのではないでしょうか？　ということは、後者のテストのほうが点差がはげしく開いているので後者のほうがむずかしい？　でも、前者のテストの最高点は87点だから100点の後者よりも低いので、前者のほうが・・・、う～ん、混乱!!

そうなのです。平均点だけではテストの難易度を判断できないのです。とくに、この2つのテストの場合、3人だけのデータなので平均点を計算すること自体にあまり意味を見出せません。ですから、この2つのテストの難易度を判断することはできません。

それでは、もう少し具体例を増やして実感していただきましょう。

Q. 100点満点のテストAの受験者は10人。
10人の成績は、0点、10点、12点、15点、15点、16点、16点、20点、90点、100点であった。
テストBも100点満点で受験者も10人。
このテストの10人の成績は、25点、26点、27点、28点、29点、30点、31点、32点、33点、33点であった。どちらのテストが難しいと判断できますか？

10個のデータを扱っているので、少し読みにくいと思いますが頑張って考えてみましょう。

A→（0, 10, 12, 15, 15, 16, 16, 20, 90, 100）

B→（25, 26, 27, 28, 29, 30, 31, 32, 33, 33）

じつは、平均はＡもＢも両方 29.4 点です。同じ平均点の２つのテストＡとＢの難易度は？・・・。

答えは・・・　平均点からは判断できない　です。

いくつかの解釈が考えられますが、Ａは 0 点～ 100 点までなので、受験者の中にはテストＡを易しく感じる人もいたし、むずかしく感じた人もいたわけです。もちろん、Ａの受験者に２人できる人がいたとも考えられます。Ｂは 25 点～ 33 点までなので、受験者はみんな同じレベルの人が集まっていたことがわかります。そして 100 点満点の中で皆が 25 点～ 33 点なので、テストＢはむずかしかったと判断できます。つまり問題自体は、テストＡよりテストＢのほうがむずかしかったと一応は判断できます。

というわけで「平均点がわかっても、そのテストの難易度は判断できない」、「すべてのデータのとりうる値を知ることで難易度はある程度は判断できる」ことがわかりました。

この後者の「データのとりうる値」のことを『分布』と言

うのですが、この分布について書くには、紙面が足りないので、本書ではここまでとします (ごめんなさい)。

でも、少しだけ話をすると・・・。

自分の点数と平均点の差のことを『偏差』と言います。この偏差が、テストの点の分布の中でどのくらいの位置に当たるのか？　つまり、平均点から見て自分の点数がどの程度上位または下位にあるのかを知るバロメーターが「偏差値」というものなのです（131 ページ参照)。

とてもとても、小学生、中学生の範囲ではごまかして説明できるものでも、語れるものでもありません。でも、「中学受験の小学生たち」は、さもわかっているかのように偏差値という言葉を連呼しているのは不思議な感じがします。

⑩ 平均のいろいろ？

上に掲げたタイトルの「？」の部分にピン！　ときた方がいらっしゃるかもしれません。

私たちは一般に『平均』というと「たして２でわる」とか、先ほどの「平均点」のときのように、

（データの総和）÷（データの個数）であることをイメージすると思います。しかし、他にも平均があるのです！

まずは次の問題を、なんとなく頭で計算してください。

> Q. 家から会社まで自動車通勤していますが、
> 行きは時速 60 ㎞、帰りは時速 90 ㎞です。
> この車の往復の平均の速さは時速何 ㎞ですか？

行きは時速 60 ㎞、帰りは時速 90 ㎞なので、往復の平均の速さは (60 ＋ 90) ÷ 2 ＝ 75 ㎞と、なんとなく計算してしまうのは間違いです。

エッ？　平均は「たして２でわる」では？

実際に試してみましょう。

家から会社まで180㎞あるとします。・・・ちょっと長距離ですが計算上便利なのでご容赦ください。ちなみに東京から静岡が約180㎞です。

行きは時速60㎞ですから、行きにかかる時間は、

時間＝道のり÷速さを使うと

180÷60＝3時間

帰りは時速90㎞ですから、帰りにかかる時間は、

180÷90＝2時間

つまり、往復180㎞×2＝360㎞を行きと帰りで、合計3＋2＝5時間で車を走らせるわけですから、往復の平均の速さは360÷5＝72㎞。時速72㎞が正解なのです。先ほどの(60＋90)÷2＝75は正しくありません。

答えは・・・　72km/時　です。

小学校で教わる平均には、

『(データの総量)÷(データの個数)』と『平均の速さ』の2種類があるのです。少し言葉がむずかしいのですが、前者の(データの総量)÷(データの個数)の平均、つまり、ふだん日常的に使われている平均のことを『算術平均』とか『相加平均』と呼びます。

ちなみに『平均の速さ』を『調和平均』と呼びます。

では、もう1つ・・・

Q. 一昨年、貯金残高が1万円だったA君の昨年の貯金残高は2倍の2万円。今年はなんと昨年の8倍の16万円になりました。A君は年間平均何倍の貯金残高にしたことになりますか？

あまり考えずに平均を出してみましょう。一昨年から昨年は、1万円から2万円の2倍。昨年から今年は2万円から16万円の8倍ですから、

年間平均（2＋8）÷2＝5

ということで、1年間に5倍ずつの貯金残高にした？

これも正しくありません。

なぜなら、もし1年間に5倍ずつ貯金が増えたとすると、一昨年1万円から昨年5万円。昨年5万円から今年は5×5＝25万円になってしまいます。たしか問題では今年の貯金残高は16万円だったはずです。

じつは、2倍と8倍の平均は（2＋8）÷2＝5ではなく、2倍と8倍、つまり倍数の平均は2×8＝16＝4×4と書けるので4倍。すなわち2倍と8倍の平均は4倍になるのです。

答えは・・・ 4倍 です。

中学校の数学で習う$\sqrt{\ }$（ルート）の記号を使うと便利に表すことができ、

$$\sqrt{2\times 8}=\sqrt{16}=4$$

となります。

この倍数の平均（かけ算の平均）を『相乗平均』と言います。たしかに平均４倍で計算すると、一昨年１万円から昨年は４万円、昨年４万円から今年は４×４ =16 万円となり正しくなります。このかけ算の平均『相乗平均』は高校で扱うので本書の域からはズレてしまって申し訳ないのですが「平均を求める方法は１つとは限らない」ことを覚えておいてください。

でも､日常的に使う平均は以前の（データの総和）÷（データの個数）ですよね～。

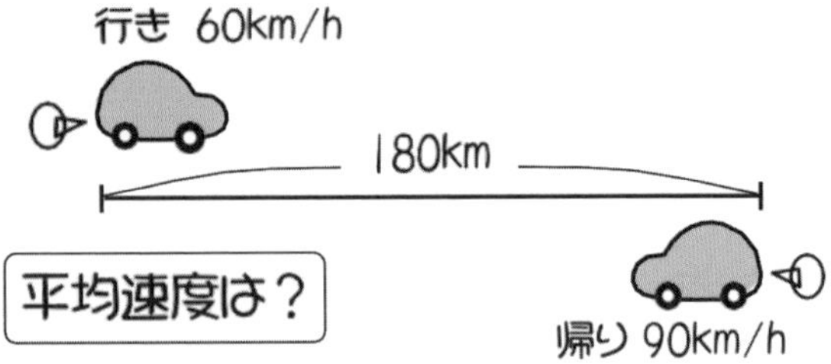

11 仮平均

算術平均、相加平均と言われている日常的な平均を使って少しだけレベルアップをしましょう。前に用いた例なのですが・・・
「78 点 , 81 点 , 87 点」の３人の平均の求め方を少し工夫してみたいと思います。突然ですが，この得点を「78 万円 , 81 万円 , 87 万円」に代えて、このお金を持つ３人の平均金額にしてみましょう。

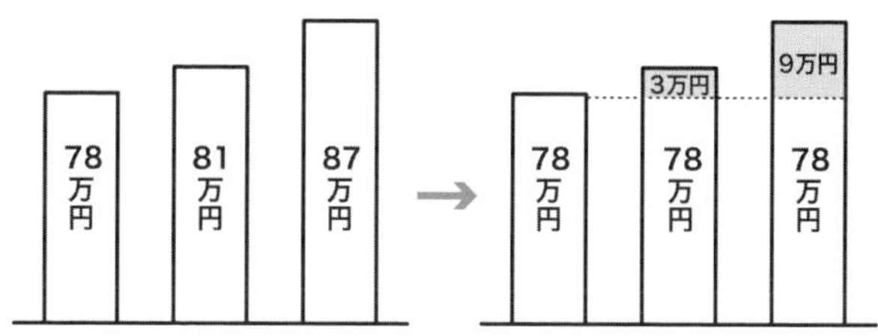

まず、３人の札束をイメージしてください。78 万円、81 万円、87 万円です。３人とも 78 万円は持っているので、３人とも 78 万円をキープします。すると 81 万円の人は３万円の差額、87 万円の人は９万円の差額が出るので、合計３＋９＝ 12 万円が 78 万円のラインよりオーバーしてい

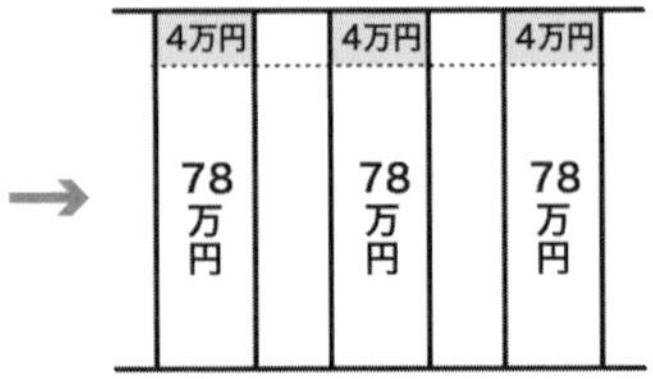

ます。平均とは平らにする、つまり平均に分けてつり合いをとることにすると、オーバーした12万円を3人に均等に分けると1人あたり、12 ÷ 3 = 4万円になります。この4万円を最初にキープした78万円と合わせて78 ＋4＝ 82万円。この82万円が平均金額になります。

このように、たとえば最低金額をキープしてその金額をオーバーした金額をみんなに平等に分けていく方法を「仮平均を用いて平均を求める」と言います。簡単に言うと、仮に平均を最低金額78万円として、オーバーした分を平等に分配するという感じです。

大きい数やたくさんのデータの平均を求めるときなどに便利な方法です。

もう1つ試してみましょう。前に扱ったテストBです。テストBの受験者10人のデータは、25点，26点，27点，28点，29点，30点，31点，32点，33点，33点でした。仮平均を25点（最低得点）として10人の点数から25点を引くと 10 人の残りの点数は、0 点 ,1 点 , 2 点 ,3 点 ,4 点 , 5 点 , 6 点 , 7 点 , 8 点 , 8 点です。

この平均点は

(0 + 1 + 2 + 3 + 4 + 5 + 6 + 7 + 8 + 8) ÷ 10

= 44 ÷ 10 = 4.4 点

ですから最初にキープした平均点 25 点と合わせて 25 + 4.4 = 29.4 点がこのテスト B の 10 人の平均点になります。

それにしてもテストの点数よりもお金にすると算数、数学はわかりやすいものです。

それだけお金が身近にあるからなのですね。

⑫ 位取り記数法

10000は「いちまん」と読み「1万」と書きますね。同じく100000000は「いちおく」と読み「1億」と書きます。このように10000や100000000……のように数字で書くことを『記数法(きすうほう)』、1万や1億……というように漢字などで書くことを『命数法(めいすうほう)』と呼びます。

ここでは記数法に少し触れていきましょう。

$10 \times 10 = 10^2$（10の2乗と読みます）。

$10 \times 10 \times 10 = 10^3$（10の3乗と読みます）。

10の ～ 乗と書くことで10を ～ 回連続かけることを表しています。この記数法は便利な表し方になっていて

$10^2 = 100$　（0が2個）

$10^3 = 1000$　（0が3個）

$10^4 = 10000$（0が4個）

ちょうど最高位の数「1」の右側(下側)に0が何個くるのかが一目でわかるのです。

たとえば$10^6 = 1000000$ ＝百万です。

さて、23476という数を考えてみましょう。

まず、23476を読んでみてください。できれば文字で表してください。

二万三千四百七十六ですね。

万の位(くらい)	千の位	百の位	十の位	一の位
2	3	4	7	6

これをお金で考えてみましょう。

一万円札が２枚、千円札が３枚、百円玉が４枚、十円玉が７枚、一円玉が６枚を用いて23476円を表せます。

一円玉、十円玉、百円玉、千円札、一万円札は10倍ずつのお金ですね。このように一の位、十の位、百の位、千の位、万の位……と10倍ずつ位が進むことを『十進法』と呼びます。

私たちはふだん、この十進法を使っているのです。このまま、万の位の次は十万の位、百万の位、千万の位、億の位……というように十倍ずつ繰り上がっていきます。十倍ずつ進むこの単位を並べてみると、

一、十、百、千、万、十万、百万、千万、一億、十億、百億、千億、一兆(ちょう)……

一、十、百、千の4つが繰り返されています。この一、十、百、千の4つの繰り返しに、くっついていく言葉、つまり命数は、万、億、兆……です。

命数法では順に、万、億、兆、京(けい)、垓(がい)、秭(じょ)、穣(じょう)、溝(こう)、澗(かん)、正(せい)、載(さい)、極(ごく)、恒河沙(こうがしゃ)、阿僧祇(あそうぎ)、那由多(なゆた)、不可思議(ふかしぎ)、無量大数(むりょうたいすう)となり、

一不可思議は　10^{64}

十不可思議は　10^{65}

百不可思議は　10^{66}

千不可思議は　10^{67}

無量大数は　10^{68}　となります。

これらは日本では『塵劫記(じんこうき)』という書物で紹介されているようです。つまり、数字では十進法で表していますが、漢字などで表すときは、万、億、兆、京……は10000倍ずつの単位なので、命数は『万進法』になっています。

ちなみに、コンピュータでよく使う1メガは、100万$=10^6$、1ギガは10億$=10^9$なんですよ。

⑬アナログとデジタル

デジタルは on と off の世界のことで、これを 0(ゼロ) ……off、1(イチ)……on の２つだけで表すので『2 進法』と言います。２進法はイメージ的には２倍ずつ進む単位なので、たとえば、２進法の 11011(2) は

2^4 の位	2^3 の位	2^2 の位	2^1 の位	2^0 の位
1	1	0	1	1

⬇

16 の位	8 の位	4 の位	2 の位	1 の位
1	1	0	1	1

これもお金で考えて、

16 円玉が	1 個
8 円玉が	1 個
4 円玉が	0 個
2 円玉が	1 個
1 円玉が	1 個

合計16 ＋8＋2＋1＝27。つまり、私たちの10進法で27は、2進法の世界では11011(2)と表すのです。この2進法がいろいろな通信工学やネット社会のベースになっているのですが、それを本書で説明するのは無理がありますので、専門書にお任せしましょう。

少なくともデジタルはonかoff。やるか、やらないかなのです。したがって、すべてがデジタル化されるのも、人間的、つまりアナログから離れてしまうので、私は個人的にはむなしさを感じたりもします。もちろん、アナログだけだと時代に置き去りにされるので、もっとむなしくなりますけど…。(笑)

つぶやき日記 ❸

数学があまり得意でない方には、少しむずかしいお話なのですが、よく耳にする偏差値。これは、簡単に言うと、ある集団において、自分が平均からどの程度離れた位置に存在しているかを数値化したものです。

この表現でも、わかりにくい方には、ざっくばらんに言えば、あるテストにおいて、自分の点数が全体の中でどのくらいの位置にあるのかを知る値です。

私が学生に言うのは、「偏差値 60 は、だいたい上から16%くらいに位置しているよ」と、自分の位置を示していることを強調しています。ちなみに偏差値 50 は平均の場所、偏差値 70 は上から約 2%の位置になります。もちろん、テスト自体のデータ数がかなりたくさんあることや、点数が広く散らばったときの数値である必要がありますが …。

数学の授業では、きちんとこの偏差値の成り立ちの式からお話をするので、学生にはもっとわかりやすく伝わりますが、ここではそれが目的ではないので、くわしい数式などは避けて通ることにします。

さて、上の文章から、何か不思議な感じがしませんか？偏差値 60 は、だいたい上から約 16%、偏差値 50 は、ちょうど平均の場所、つまり上から50%、偏差値70は、上から約２%の位置になるという、この数値がです。単純に計算すれば、およそですが、偏差値50から60の間に50%−16%＝34%の人が存在しているのに対して、偏差値60から70の間には16%−２%＝14%の人が存在するわけです。

偏差値の違いが同じ10なのに、34%から14%に変わるわけです。つまり、簡単に言えば、高い偏差値に入るのは、狭き門ということになります。すなわち、偏差値は上げれば上がるほど、上がりにくいということになります。わかりやすく言えば、偏差値60までは、努力次第で伸びるけれど、その後は、努力には比例しにくいということです。でも、実際に偏差値70の人たちが存在するわけですから、できないわけではありません。

したがって、私は、学生に偏差値50から60へ。偏差値60から65へ。偏差値65から68へ。偏差値68から70へ伸ばそう！　と、区間を設けて目標設定を促しています。偏差値に振り回されるのではなく、各自の目標値として活用していただけると良いですね。

4時間目（トレーニング）
いろいろな単位に
強くなろう
七月

1 尺八 vs フルート

Q. 尺八とフルートはどちらが長い？

「尺八」はその長さが「1尺8寸」だから生まれた名前です。日本では、1尺は約30.3㎝。中国では、1尺は約33.3㎝だそうです。寸は、尺の10分の1ですから、1尺8寸は、日本では、約54.5㎝になります。尺八は唐から伝わったようですが、なぜか、日本の尺と寸でサイズが合うようです。

さて、フルートは、元々、木製で生まれた楽器で、そのなごりで今も木管楽器と呼ばれています。フルートの長さは、約70㎝。したがって、フルートのほうが尺八より長いですね。

しかしながら・・・最近の尺八やフルートは、短いのも長いのもあるので、どちらが長い？　という正確な答えは・・・「解なし」になりそうですね。

答えは・・・　(一般論で)フルート　です。

2 万里の長城

Q. 中国の「万里(ばんり)の長城」の「万里」って、どれくらいの距離なの？

1里は、日本では約3.972 ㎞。ところが、中国では500m。二つの国で、あまりに違いすぎる単位ですね。

「万里の長城」は、実際に測ったところ、人工の壁で構成された部分が6000㎞以上、崖などの険(けわ)しい地形を利用した部分も合わせれば総延長8851.8㎞にのぼるということです。

それにしても、6000㎞は、すごい距離です。このうち、現在でも残っている部分は約2400㎞で、中国の単位で行くと4800里ということになります。

東京から沖縄の石垣島までが約2000㎞ですから、現存している万里の長城というのは、気の遠くなるほど長いものですね。

ちなみに、万里の長城は1987年に世界文化遺産として登録されました。

答えは・・・

「万里」とは10000里(り)。(中国では約5000キロ) です。

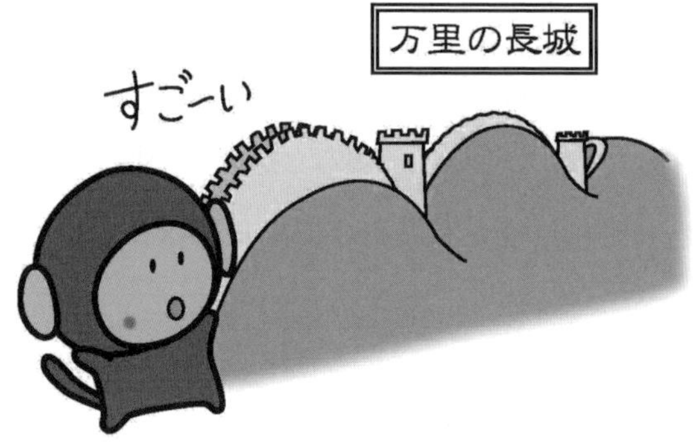

3 食パン１斤ください

Q. 1斤(きん)の「斤」とは、何の単位でしょうか？

１斤は日本では重さ600グラムです。600グラムと聞いて、食パン１斤が600グラム？　と思われた方も少なくないでしょう。600グラムの食パン１斤、重過ぎますよね？

じつは、食パンの場合の１斤とは、イギリスでの１ポンド＝450グラムに由来しているようで、明治初期に舶来品の重さについては、１斤を英国の１ポンドにほぼ等しい120匁(もんめ)にしたことが、この違いを生んだようです。

実際、農林水産省の指導によると、１斤は340グラム以上であればよいということになっているそうです。すなわち、日本のパン１斤と、直接的な関係はないのです。

なお、１ポンドというのは、主食となる１日分のパンを焼くときに使われる製粉の重さに由来するそうです。

答えは・・・

重さです。１斤は、日本では16両＝160匁(もんめ)、つまり600グラムとされています。

4 江戸間、京間

Q. 畳の1畳はどのくらいの大きさでしょうか？

◆ 本間間（ほんけんま）……… 関西、中国、四国に多く、長さが6.3尺あるので、六三間や京間とも言われています。

95.5 cm × 191cm

◆ 五八間（ごはちま）……… 長さが5.8尺あるので、このように呼ばれます。関東、東北、北海道で使われることが多く、江戸間とも呼ばれます。

88 cm × 176 cm

◆ 三六間（さぶろくま）……… 名古屋、岐阜が中心で北陸の一部でも使われています。幅3尺、長さが6尺で、中京間とも言われています。

91cm ×182 cm

◆団地間 ……… 長さが5.6尺で、五六間とも言われています。いわゆる団地サイズです。

85cm ×170 cm

このように、地域によって畳は大きさが違いますので、注意してください。

小生の家には・・・畳の部屋はありません。(笑)

答えは・・・　地域や建物によって異なる　です。

(畳には、本間間(ほんけんま)、五八間(ごはちま)、三六間(さぶろくま)、団地間などがあります)

5 世の中で一番大きい数は？

Q. 一、十、百、千、万、億・・・

そして、一番大きい数の位は、何でしょうか？

えっ!?　無限大(∞)じゃないの？

そう、無限大は、数字ではないのです。

無限大は、あらゆる数より大きいという概念を表すものにしかすぎないのです。

簡単に言えば大きい方、遠い方というイメージです。少し難しい話なのですが・・・一、十、百、千、万、までは、十倍ずつの単位になっています。これを十進法と言います。

この先は、万、億、兆、京、垓、･･･これらは万倍、つまり、0が4個ふえると単位が変わるのです。

1万×1万=1億

1億×1万=1兆

1兆×1万=1京

……………………………………………………………………………

これを万進法といいます。(128ページ参照)

この行き着くところが、無量大数で、これが答えです。

1 無量大数 = 10 の 68 乗

です。この 10 の 68 乗とは、

100000………………………00000

(1 のあとに 0 が 68 個並びます)

ちなみに日本では『塵劫記(じんこうき)』の寛永 8 年版に無量大数が単位として初めて登場し、10 の 88 乗とされていましたが、寛永 11 年版で 10 の 68 乗とされました。

一説によると、無量大数においては、「無量」という単位と「大数」という単位を別々に扱っていた時代もあったようですが、現在は、二つを一つにまとめて、無量大数と言われています (128 ページ参照)。

答えは・・・　無量大数　です。

6 ヤード

Q. 1ヤードは、どのくらいの長さでしょうか？

アメリカンフットボールのフィールドに、白くて短い太線が等間隔に引いてあるのを見たことがありませんか？
あの間隔が、1ヤード＝約91.44cmです。

この数値には、いろいろな説があり、イングランド王ヘンリー1世の鼻先から親指までを1ヤードにしたという説もあるとか・・・。

よく、世の中の話題に出るゴルフ。このゴルフで使われる飛距離がヤード。1打200ヤードなんて、簡単に言ってますが、これは・・・200ヤード＝182.88m

これは、意外にも見当のつきやすい長さです。私たちがふだん用いているメートルに直すなら、ヤードの数値の約1割引とイメージ！(笑)でもプレーをしている本人には、重要な数値ですけどね・・・

答えは・・・　約91.44 cm　です。

7 アメリカで時速 60

Q. アメリカで車に乗って、スピードメーターが 60 を指しているとき、このスピードの単位は？

最近、飛行機に乗ると“マイルをためる”(マイレージ)と言いますね。

1 マイルは約 1.6㎞ですから、スピードメーターの 60 マイルは、約 96㎞ つまり、日本で言えば、時速 96㎞。えらく速いスピードです。

さて、このマイルは、古代ローマでは、1000 複歩とも言われています。複歩は 1 歩の 2 倍。つまり、両足で歩いた分になります。歩くときに足を開くと約 75㎝ くらいですから､1 複歩で (1 歩の 2 倍)1.5m。1000 複歩で 1500m = 1.5㎞ になり、1 マイルと近い値になりますね。

実際に私の足で試すと、1 複歩が 1.5m より短いので、私の足は短い ??? (笑)

答えは・・・　マイル / 時間　です。

8 1m はどのように決めたの？

Q. 1m は、何をもとに決めたのでしょうか？

1790 年代のこと、フランスで長さを世界共通にすることをめざして、地球の子午線上（子午線とは、地球の「北極」、「赤道」、「南極」を結ぶ大円です）の北極点からパリを通過して赤道に至るまでの距離の 1000 万分の 1 を 1 m と定めました。

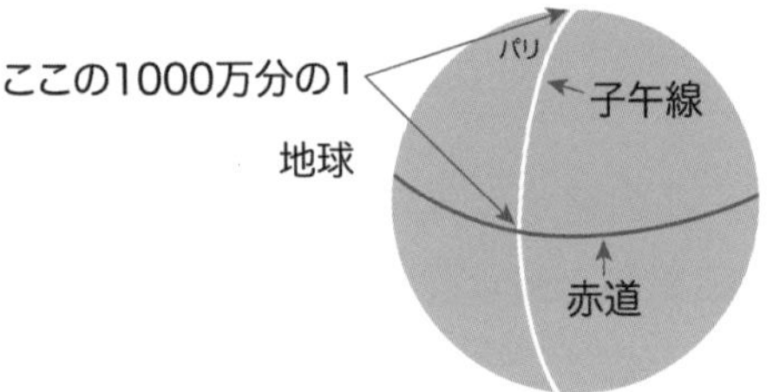

その後、1879 年フランスで白金などの合金で作られたメートル原器が作られました。この原器は摂氏零度の時に目盛りが 1 メートルとなるよう設定されています。

そして、1960 年に、1m は、クリプトン 86 という希ガスのオレンジ色の光の波長の約 165 万倍に変更され、さらには、1983 年 10 月の世界度量衡総会において、1m は、光が真空中で、299792458 分の 1 秒間に進む距離と定められました。ですから、簡単に言うと、光は 1 秒間に約 30 万㎞進むことになります。

地球一周が約 4 万㎞ですから、地球の約 7 周半くらい ?! それも 1 秒にですからビックリ！

答えは・・・　地球の子午線（しごせん）上のパリを通過する北極点から赤道までの距離の 1000 万分の 1 を 1m とした。　です。

9 液晶テレビ

Q. 昨今話題の液晶テレビ。サイズが 32、40、42 インチなどよく耳にします。大きくなると 200 インチなどのギガテレビなどもあるようです。
さて、たとえば 65 インチのテレビの大きさって、いったいどのくらいなのでしょうか？

さて、このインチ、元々は、男性の親指の幅とされる身体尺だったそうです (ちなみに小生の親指幅は 2㎝なので、やや小さい ??)。

また、イングランド王のエドワード２世が、大麦の穂を３粒たてに並べて、その長さを１インチとしたとの説もあるようです。古代ローマでは、１フィート (0.3048m) の 12 分の１とされてます。まあ、親指が一番わかりやすい気もしますね。

余談ながら、電気屋さんで見ているときには、こんな程度の大きさしかないのかあ…、と感じる液晶テレビ。実は、結構大きいんです。65インチだと大人の身長ぐらいありますよ。

小生もいつかは 200 インチ = 508㎝のギガテレビがほしいけど・・・よく考えるとこれって 5m 分。テレビというより壁がテレビですね。

答えは・・・　大人の身長ぐらい　です。

テレビの大きさは画面の対角線の長さをインチで表しているので、1 インチが 25.4㎜ですから 65 インチ = 1651㎜、約 165cm なのです。大人の身長に近いものがありますね。

⑩ 1坪って・・・

Q. ずばり1坪（つぼ）は、どのくらいの大きさですか？

古代中国の周の時代のこと、歩幅2歩分でできる正方形の面積を1歩と言っていました。そして、この“歩”を“坪”とも言っていたようです。

現在は、1辺が6尺の正方形の面積を1坪と言います。

では、1辺が6尺とは？　前にもお話ししたとおり、1尺は、約30.3㎝ですから、6尺は約181.8㎝=1.818m です。

これを1辺とする正方形の面積は、

1.818 × 1.818 =3.305124m²

簡単に言うと、1坪は3.3m²となります。

イメージでは、成人男性の身長(180㎝として)でできている正方形の面積です。ちょうど、男性が直角に横たわってできる面積、およそ畳2枚分の面積です。

よく、不動産のチラシを見ると、新築一戸建て、中古マンション… 必ずそこには、「30坪」などと「～坪」の単位で書いてあります。100坪とか言ったら、男性が 10人ずつ直角に横たわっている面積ですから、かなりの広さと思われます。

最近は、インターネットが進んで、ネットショッピングは“1坪ショップ”なんて呼ばれたりしてますね。なかには、いっさい在庫を持たずに商品を販売する“ドロップショッピング”という方法も普及しており、文字通り“1坪ショップ”が可能になっています。

答えは･･･　成人男性の身長を一辺とする正方形ぐらい　です。

例えば、歩幅2歩分(スタートから右足で歩き、次に左足が着地したところまでの距離)を1辺(約180cm)とする正方形の面積。

⑪ アール（a）、ヘクタール（ha）

Q. 1ヘクタールを平方センチ (cm²) にしなさい。

じつは答えは、1億平方センチなのです。なかなか、すぐには答えが出せなかった方も多いかと思います。まず、少しルールを… 。

平方というのは、2乗のことです。すなわち、同じ数や文字を2回かけ算することです。

① 1辺が1mの正方形の面積は、1m×1m = 1m²

ここで、m²は、mを2回かけているので、m²の記号を使い、これを「平方メートル」と読みます。

さて、ここからが重要!!

② 1辺1mの正方形の面積が1m²でした。

1辺が10 mの正方形の面積を1アール (a)、

1辺が100 mの正方形の面積を1ヘクタール (ha)、

1辺が1000m=1㎞の正方形の面積を1平方キロメートル（㎢）と呼びます。

アール (*a*) とヘクタール (*ha*) をわかりやすく感覚的に表現すると、かつては「1アールはおよそ学校の教室くらいの広さ、1ヘクタールは大きな校庭くらい」といわれたものです。

でも、都心では、校庭が1ヘクタールもある学校などほぼほぼないでしょうから、「校庭のおよそ2〜3倍くらいが1ヘクタール」とイメージしてみるといいでしょう。

答えは・・・　100000000 平方センチ (cm^2)　です。

(ゼロが8個です)

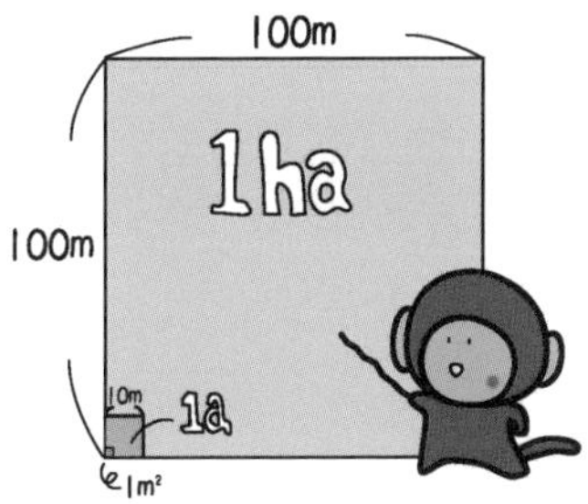

⑫ 100エーカーの森

Q. 100エーカーの森の中に、東京ドームは、何個入りますか？　なお、東京ドームの面積は46755 m²。

東京ドームは大きいですね。

1エーカーとは、約4046.86 m²を表します。

すると、100エーカーは約404686 m²ですから、

404686 (m²) ÷ 46755 (m²) = 8.655…

になります。ですから、東京ドームが約8.7個分くらい入ることになります。

そもそも、このエーカーは、ギリシャ語で「軛（くびき）」という意味を持ちます。「くびき」って？　これは、牛が鍬（くわ）で畑を耕すことです。

1日に、牛2頭を使って1人で耕せる畑の面積が1エーカーと考えられていたので、この単位が生まれたようなのです。

それにしても、1日に100エーカーつまり、東京ドーム

約 8.7 個分の畑を耕すには、牛がおよそ (8.7 × 2 = 17.4) 18 頭ほど必要なんですね～。でも、本当にそれでたりるのかなあ。

答えは・・・　東京ドーム約 8.7 個分　です。

(8 個は優に入ります)

13 立方メートル

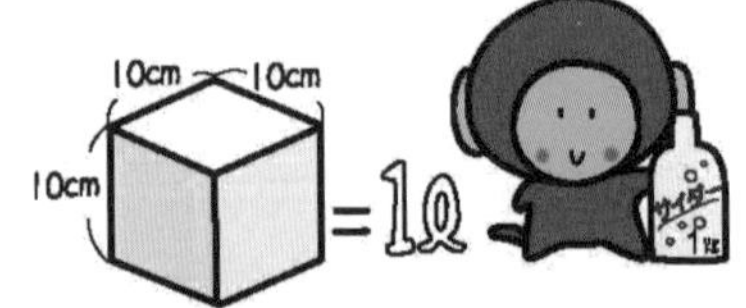

Q. 多くのペットボトルは500mℓ(ミリリットル)です。これをm³(立方メートル)に直すとどのくらいになるでしょう？

面積のときと同じように、考えていきましょう。まず立方とは3乗のこと。同じ数や文字を3回かけることです。

1辺が1㎝の立方体の体積が

1㎝ ×1㎝ ×1㎝ =1cm³(立方)です。

そして、1辺が10㎝の立方体の体積が

10㎝ ×10㎝ ×10㎝ =1000cm³ = 1ℓ(リットル)です。

1ℓ = 1000mℓ ですから 500mℓ = 0.5ℓ

= 0.5 ×1000cm³

= 500cm³ です。

ところで、$1m^3=1m\times1m\times1m$

$=100㎝\times100㎝\times100㎝$

$=1000000cm^3$

ですから $1cm^3=0.000001m^3$ となるので、$500cm^3 = 0.0005m^3$ と求まります。

1辺が10㎝の立方体をイメージしてください。そんなに大きくはないですよね？　この体積が1ℓです。もし、これがパンだったら、4等分くらいすれば食べられそうなサイズですね。(笑)

最近、箱根の家庭用「源泉かけ流し」の温泉の使用量を調べたところ、1日に8 m^3 とのこと。これは、

$8m^3= 8000000\ cm^3= 8000ℓ$

なんです。

家庭用の風呂の水量が200ℓとして(各家庭で大きさは違いますが…)普通に考えて、このかけ流しの量は

8000ℓ ÷ 200ℓ = 40回分になるんです。

1日中温泉に入るということは、1日40回入っていると同じと言ってもよいのかもしれません。のぼせてきますね。

答えは・・・　0.0005 m^3　です。

⑭ fl oz って見たことありますか？

Q. 輸入の缶ジュースに書いてある、

7fl oz は、どのくらいの量なの？

海外からの輸入清涼飲料水を見ていたら、内容量が 7fl oz と書いてありました。これに日本向けにシールが貼ってあり、内容量 207㎖と・・・

この “fl oz” は「液量オンス」という単位なんです。日本では、あまり見慣れない単位ですが、アメリカやイギリスでは一般的です。“fl oz” は記号で、正式には fluid ounce と書きます。

さて、この液量オンス、オンスには、重さを表すオンスもあるので、液量オンスという言い方をしているのです。液量オンスにも、アメリカとイギリスで、少々数値に誤差があり、

（米）　1fl oz＝約 29.57 ㎖

（英）　1fl oz＝約 28.41㎖

となっています。

さきほどの輸入ジュースは、実はアメリカ製だったので、

7 (fl oz) × 29.57 (㎖) = 206.99 (㎖) = 約 207 (㎖)

だったわけです。これが、イギリス製ですと・・・

7 (fl oz) × 28.41 (㎖) = 198.87 (㎖) = 約 199 (㎖)

と損した気分ですね。

ぜひ機会がありましたら、海外からの輸入飲料の内容量をチェックしてみてください。

答えは・・・　約 207 ㎖　です。

⑮ 金の重さ

Q. ある日、メイプルリーフ金貨1オンスの値段が
(本日は) 246,797円と出ていました。
この金貨の重さは、いったいどのくらいですか？

このオンスはトロイオンスと呼ばれています。貴金属や宝石の原石の重さに使われています。

金貨の重さは、このトロイオンスを使っています。
それにしても、1オンスが、約31.1035グラムで約25万円なんて・・・高いなあ！

なお、金の値段は、日々変わりますので、あしからず。

答えは・・・　31.1034768グラム　です。

⑯ 海外のミネラルウォーター

Q. 小生の家にある大きな水のタンクには、
5 ガロンと書いてあります。
さて、この量は、どのくらいでしょうか？

小生の家では、エコ活動の 1 つとして、飲料水を大きいサイズで買い、外出時には、小分けにして持って出かけるようにしています。

というのは、毎日毎日、500㎖ペットボトルを買うと、年間で約 300 本のペットボトルが排出されます。これはエコではない！　と思い、この大きなタンクで運ばれる水に着目しました。これだと、5 ガロンで 1 回のタンク。それもこのタンクは再利用らしく、エコな小生には願ってもないことなのです。

それはさておき…このガロン、じつは、国によって、数値が少々異なります。

アメリカでは、1 ガロン = 約 3.79ℓ

イギリスでは、1 ガロン = 約 4.55ℓ です。

すると、小生の飲料水は、アメリカからなので、

3.79(ℓ) × 5(ガロン) = 18.95(ℓ)

になります。

みなさんも、エコに参加しませんか？

答えは・・・　約18.95 ℓ（リットル）　です。

17 原油価格

Q. ニュースで、原油価格は1バーレル約48ドルなどと言っていますね。この1バーレルとは、どのくらいの量なのでしょうか？

アメリカとイギリスでは、1ガロンの量が違うので、当然、1バーレルの量も違います。

アメリカでは、1バーレル = 42ガロン

イギリスでは、1バーレル = 35ガロン

となっています。

さらに、アメリカでは何を量っているかによっても、1バーレルの量が違うのです。

アメリカでの原油用の単位は1バーレル =42ガロン(約159ℓ)で、これが答えです。しかし、原油以外を量るときには、一般液量バーレルというものを使います。この一般液量のほうは1バーレル =31.5ガロン(約119ℓ)です。

さて、このバーレルと言う単位は、英語の「樽（たる）」という意味からきています。昔は、原油を樽に入れて、運搬したことによるものだそうです。

それにしても、1バーレル、かなりの量ですね。ガソリンに換算すると、量の割りに、原油の方が値段的にかなり安いのですが、原油のままでは、車は走りませんから、やはり、原油からガソリンになるまでに手間がかかっているんですね。(笑)

答えは・・・　約42ガロン　です。つまり159ℓです。

⑱ 体重、百貫と言われた私

Q. 百貫とは、どのくらいの重さでしょうか？
次の①～③より選んでください。
① 175 キロ　② 275 キロ　③ 375 キロ

小生は、小学校時代、同級生からよくからかわれました。理由は、単に転校生だったからです。その頃、しょっちゅう、“百貫がきた！”とみんなから、あだ名で呼ばれていました。クラス全員から言われたのですから、つらかったです。小生の小学校では、転校生歓迎 (？) の儀式が、あだ名をつけることだったのです。(笑)

それはさておき・・・なんと、“貫”という単位は日本で作られた単位なのです！

江戸時代以前、一文銭（いちもんせん）という当時の銭貨を“銭（せん）”と言い、この一文銭の重さを、“匁（もんめ）”と呼びました。この一文銭、宋の時代以降の中国では、開元通宝という銭貨が用いられていました。中心に穴が開いていたため、紐を“貫く”(通す)

ことで、たくさんの銭をまとめることができました。

そして、銭が1000枚つまり1000匁=1貫と定義されたわけです。

ちなみに“貫”は、重さだけではなく、お金の単位になることもあります。戦国時代の武将の領地を、よく“百万石”というように、石高（こくだか）制で表しますが、これは、重さではなく、通貨の“貫”なのです。通貨の“貫”=“貫文”、重さの“貫”=“貫目”と区別したりします。

1貫文 = 2石なので、百万石 = 50万貫文

となります。ちょっとわかりにくいですよね。

さて本題、重さの一貫は明治時代に3.75キログラムと定められました。ですから100貫は375キログラムです。

それにしても、「百貫がきた」と言われていた小生、いくらなんでも375キロはありませんでした。もちろん、100キロもありませんでした。(笑)

答えは・・・　③ 375キロ　です。

⑲ ダイヤモンドは永遠の輝き・・・

Q. 女性なら一度は憧(あこが)れるダイヤモンド。
1カラットのダイヤモンドなどとよく呼ばれる、その
"カラット"って、何のことでしょうか？

カラットは、宝石の質量の単位として用いられています。芸能人が1カラットのダイヤを婚約指輪に・・・などと報道されていたことがありますが、とても高額です。普通では買えないこの1カラットのダイヤの指輪の重さは？　そう、たった0.2グラム。ダイヤモンドは高価な品物なのですね。

ちなみに、このカラット、日本語で書くと二つの意味を持ちます。

カラット(carat)・・・質量0.2グラムのこと
カラット(karat)・・・金の純度の単位

金製品の金の純度は、24分率(24段階に分けたもの)で表します。"18金"と言うのを聞いたことがありませんか？

これは、

18 ÷ 24 = 0.75 (75% の純度の金のことです。)

18 金 =18 K と表します。K はカラットです。

金は、必ず不純物が入っているので、純度 100% が存在しないらしく、純度 99.99% 以上の金を 24 金と言うのだそうです。

先ほど同様、24 金 =24K と表します。金も 24K となりますと、やはり高額ですね。

答えは・・・　ダイヤモンドの重さの単位　です。

1 カラット =200 ミリグラム = 0.2 グラム

⑳ 2月29日は、4年に一度？

Q. うるう年と言われている2月29日は、
本当に4年に一度来るのでしょうか？

1年は365日と言いますが、これは、暦(こよみ)の上の話。じつは、地球が太陽の周りを1周する時間を1年と言い、これを“1太陽年”と言います。この1太陽年について、

1太陽年＝365.2422日

と定めています。これをグレゴリオ暦(れき)と言います。

1太陽年＝365.2422日＝約365日5時間48分46秒

なので、1年を365日だけにすると？

2024÷4＝506　あまりなし

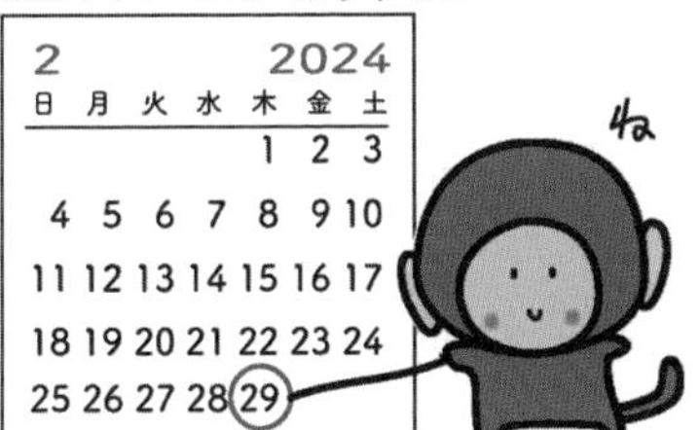

地球は太陽の周りを365日5時間48分46秒かけて周るので、365日だけでは、地球は、太陽の周りを回りきれないのです。時間にして5時間48分46秒(0.2422日)不足します。この不足のツケ(笑)が4年分たまると・・・

0.2422 日 ×4 =0.9688 日 =23 時間 15 分 4 秒

= 約 24 時間

そこで 4 年に一度 1 年分の時間調整で、1 日を増加して、うるう年を作ります。しかし、気になります。

23 時間 15 分 4 秒

今度は、1 日分に 24 時間－23 時間 15 分 4 秒 = 44 分 56 秒足りません。すると、24 時間 =1 日を追加したため、今度は多くなっています。この時点で、4 年に一度のうるう年の 1 日を加えて、4 年で・・・

365 日 ×4+1 日 =1461 日

実際の 4 太陽年 =365.2422×4 =1460.9688 日

4 年間で、太陽年より

1461 日－1460.9688 日 = 0.0312 日

暦が進んでいます。そこで、新しい規則を作ります。

1. 西暦が 4 で割り切れる年は、うるう年として、1 日増加。
2. ただし、西暦が 100 で割り切れる年は、うるう年としない、つまり平年。
3. また、西暦が 400 で割り切れる年は、うるう年とする。

これによって、(読者が混乱することを避けて、細かい計算は省きます) ほぼ、暦がグレゴリオ暦に近づきます。

しかし、まだまだ誤差があり、うるう秒を定めます。2017 年 1 月 1 日が、これに当っていました。この日は、次の通り・・・

朝、8 時 59 分 59 秒→ 8 時 59 分 60 秒→ 9 時ちょうど！

上の文章にちょっと、違和感を感じませんか？　というのは、8 時 59 分 60 秒って、普段は存在しません。

この日に限り、この 1 秒を足して、誤差をなくしています。2015 年 1 月 1 日も同じでした。

たった、1 秒。されど 1 秒。

これらの誤差の積み重ねは、季節をも変えてしまうことになるので、うるう年も、うるう秒もとても大事なんですね。

ちなみに、うるう年の 2 月 29 日が誕生日の人は 4 年に 1 回しか誕生日が来ないのでしょうか？

日本の法律では、年齢を計算するとき、うるう年ではない年は 2 月 28 日終了時に 1 歳を加えることになっています。

答えは・・・　来ない！　です。

つぶやき日記 ❹

なぜ、自分は数学の教師になったのでしょう？　いや、正確には、なぜ、数学教育のサービスマンになったのでしょう？

小生は、中学時代に数学がやや得意でした。これも正確に言うと、いつも、母親に「私は、おまえを馬鹿に産んだ覚えはない！　数学ができるんだから、もっと勉強しなさい！」と言われて育ったので、数学が得意であると当時は錯覚していた・・・というのが正しいと思います。

なぜなら、小生の高校時代、特に高校２年生時分の数学の成績は赤点スレスレだったからです。読者の多くの方は、信じがたいと思うに違いありませんが、事実です。

小生の出身高校では、数学だけが単位制で、二次関数やら数列やらベクトルやら・・・、一つの項目が修了する時点で、テストが行われました。そのテストで 50 点を取得すれば合格（つまり単位認定)、49 点以下は、追試を受ける制度となっていました。

追試の合格点は 60 点で、追試で合格すると成績は赤点にならないという仕組みでした。結局、合格するまで追試が行われるので、最終的に赤点の生徒が出ない仕組みになっているのです。今思えば、感心する仕組みでした。小生は、数列やベクトルの項目は、３回も追試を受けたのですから、前述した通り、『赤点スレスレ』だったのです。

試験を受けるたびに、不合格になるのでは？　という不安。その不安だけで数学の勉強をしていたので、当時（高校２年生時分）の小生は、数学が大嫌いな科目でした。さらに輪をかけて、母親の「お前を馬鹿に産んだ覚えはない・・・」の指導のもと、成績が悪ければ叱られる・・・だんだん、数学という科目は単なる暗記科目になっていきました。

ちょうどそのときに出会ったのが、予備校の数学の先生。当時は非常に著名でラジオ講座や参考書も多数執筆されていた先生でした。質問に行くと、先生は一言、「キミの解答は牛刀（ウシを切る刀）で鶏首（ニワトリの首）を切るがごとし」──当時の小生には難しい言葉でした。しばらく無反応で考え込むと、先生曰く、「キミの答案は、大袈裟なんだよ」と。なるほど、もっと楽にしていいんだ！　と思った瞬間でした。「やり直し！」と、やや大きな声で言われ、気合を入れていただいたことをいまだに忘れません。

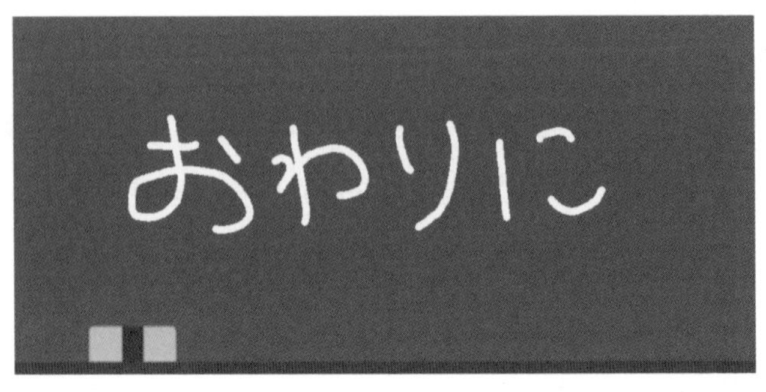

最後まで読んでいただき誠にありがとうございました！

楽しめましたか？

“へえ！”

を感じていただけましたか？

算数や数学がどうしたら身につきやすいのか？

それは、楽しみながら“へえ！”を感じることなのです。

楽しくないからやりたくない。

やっていることがわからないからやる気にならない。

読んでもわかんないから読みたくない。

すべて最初のつまづきが継続につながらない～

ってことなんですよね。

算数や数学の勉強だけでなく、どんな知識を得ることも

きっと、最初はこの“へえ”から興味がはじまるのです。

じゃあ、覚えることは？

単に覚えることは理由なき暗記。

例えば自分の携帯電話番号は、

使っているうちに自然に覚えてしまいます。

では、勉強の「覚える」は？

つながりや広がりが大事。

例えば、英語の単語であれば１個の単語から

どこまで派生できるか？

歴史ならば、その時代の流れを把握して、

そこからの文化などの広がりも。

ほとんどの場合、理由があるはずなんです。

もうここまで読んでくれたならお気づきかもしれませんが、

“へえ”

は“興味を持つ”“理由がわかる”“覚える”の第一歩。

だから、勉強は頭の良し悪しではなく、最初の“へえ”が決

め手なんです！

この本を読んで“へえ”って思ってくださると嬉しいです。

また、いつか次の“へえ”をご提供できるまで。

by ゆあさひろかず

湯浅 弘一 プロフィール

ゆあさ ひろかず、東京生まれの東京育ち。

高校時代に苦手だった数学が予備校の恩師の指導によって得意科目に変わり、東京理科大学理工学部数学科へ進学。

大学時代に塾の講師を始めたのが、教える仕事に就いたきっかけ。大学受験ラジオ講座、予備校講師を経て、現在は湘南工科大学特任教授。湘南工科大学附属高校教育顧問。NHK（E テレ）高校講座出演及び監修講師。大手塾・予備校講師。

生徒の観察を最も得意とし、学校・塾・予備校、そして教員研修、講演会など実際の教育現場で現在も教鞭をとる。
“やればできる”“笑ってごまかせ”など全国の幅広い世代と地域でやる気を起こす授業を行う。

著書は 65 冊以上。趣味は旅行、落語鑑賞、常に動くこと。好きな言葉は「笑う門には福来る。」

大学コラム“ワカル屋でございます”も隔週連載。

ワカル屋でございます
https://www.shonan-it.ac.jp/

なぜかがわかる分数と濃度の話 ＋（プラス）
～数学のキホンはすべて小学校の黒板に書いてある～

2021 年 8 月 1 日初版第 1 刷発行

著　者　湯浅 弘一
編集・装幀　メディアログ / 岡村南海子
イラスト　シロップエンタテインメント
杉山 英介
発行人　山本 浩二
発行所　株式会社 グローバル教育出版
〒 101-0047
東京都千代田区内神田 2-5-2 信交会ビル 3 階
TEL（03）3253-5944 ／ FAX（03）3253-5945
印刷所　瞬報社写真印刷株式会社